欧洲时装立体裁剪

（第2版）

曹青华　李罗娉　刘松　著

中国纺织出版社

内 容 提 要

本书以欧洲最新国际大品牌女装作品为实例，由浅入深介绍了欧洲立体裁剪的基本操作方法，为服装板型设计类工具书。

全书共分为六个章节，介绍了立裁基本知识、身体结构，并针对最新的2010～2014年巴黎、米兰发布会部分作品的款式，演示了从立体裁剪至平面工业生产纸样制作的全过程。作者在后记中浅谈了对立体裁剪造型的眼光和判断能力的学习和培养。

本书图文并茂，对大品牌时装的板型风格和特点进行了具体分析与介绍，并加以详细的文字说明，通过实物拍摄，详细、完整地演示了运用白纸、白坯布、实物面料等多种不同类型的材料进行立体裁剪操作的整个过程。

希望本书能够对服装从业人员以及相关专业人士开阔视野、加强动手能力提供有益的帮助！

图书在版编目(CIP)数据

欧洲时装立体裁剪 / 曹青华，李罗娉，刘松著 .—2 版 .—北京：中国纺织出版社，2015.1（2022.1 重印）

ISBN 978-7-5180-0848-3

Ⅰ．①欧… Ⅱ．①曹…②李…③刘… Ⅲ．①时装—立体裁剪 Ⅳ．① TS941.631

中国版本图书馆 CIP 数据核字（2014）第 181014 号

策划编辑：宗 静　　责任编辑：华长印　　特约编辑：邹志萍
责任校对：余静雯　　责任设计：何 建　　责任印制：储志伟

中国纺织出版社出版发行
地址：北京市朝阳区百子湾东里A407号楼　邮政编码：100124
销售电话：010—67004422　传真：010—87155801
http://www.c-textilep.com
E-mail:faxing@c-textilep.com
中国纺织出版社天猫旗舰店
官方微博 http://weibo.com / 2119887771
天津千鹤文化传播有限公司印刷　　各地新华书店经销
2012年1月第1版　2015年1月第2版　2022年1月第6次印刷
开本：889×1194　1/16　印张：11
字数：86千字　定价：78.00元

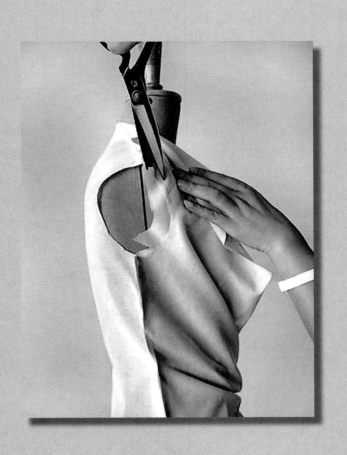

序一

　　服装制板，是通过平面或立体的方法将组成服装的部件以图形的方式表现的技术。具体地说，其方法有平面制板、立体裁剪以及立体与平面相结合的形式。平面构成较抽象，立体构成较具象，将二者结合制板显然是最行之有效的方法。

　　伴随着中国服装业的迅猛发展，更多原创的款式单纯依靠平面制板的方法很难获取。而随着时尚全球化的发展，我们可以较以往更快速地获取欧洲服装行业的各种设计信息和资料，然而服装技术资讯的传入相对流行资讯要慢很多、少很多，制板师和设计师之间所掌握的资讯并不平衡。

　　本书作者通过对欧洲最新流行信息的收集、整理和详尽分析之后编写此书，将国际大品牌作品通过实际拍摄，将制作过程详细完整地演示，运用白纸、白坯布、实物面料等不同类型的材料进行立体裁剪示范操作。本书由浅入深，从点到面，从基本标注线的操作、上衣原型的制作开始，到工业成衣的结构图以及秀场服装设计作品的立裁过程，都通过照片直观地呈现在读者面前，作者旨在将自己的工作方式传授给更多的中国服装板型师。该书是一本稀缺的服装板型设计类著作，相信本书能在很大程度上帮助正在接触立裁的广大服装爱好者以及服装技术同行。

　　身为中国服装设计师协会技术委员会执行委员的曹青华通过对日本、意大利和法国时装技术的系统学习、实践、研究、创新，结合行业和市场的需求整理出适合中国国情的立裁操作方法，是一套实用、创新的技术方法。他勇于进取的精神以及踏实、专注的工作态度和娴熟的专业技术，令人敬佩，相信他的辛勤劳动会得到技术界的认可和广大读者的欣赏。

东华大学服装学院教授、博士生导师
中国服装设计师协会常务理事　技术委员会主任委员

2011年10月

序二

    与曹青华结识源于十几年前的一次培训，当时我受中国设计师协会培训中心的委托，将日本文化服装学院佐佐木住江教授在中国所教授的日本文化式立裁技术进行推广，当时作为学员的曹青华就表现出了比较突出的感悟及理解能力。后来经过跟从法国及意大利立裁老师的学习及对欧洲服装的实地考察，加之他自己对服装的热爱和较强的感悟力及丰富的实践经验积累，他逐步形成了个人的制板风格。从2006年成立工作室以来，他把自己所掌握的立裁技术在珠三角地区进行传播及应用，为中国服装企业培养了众多的技术骨干人才。

    立体裁剪起源于欧洲，是将平面形态的面料按人体构成的形态贴合，使服装形态呈三维空间的立体造型方法，这便是立体裁剪法。这种裁剪技术作为制作服装样板的基本工艺被沿用至今。随着我国现代服饰文化及服装工业的发展，人们文化生活水平提高，对服装款式、档次、品位的要求越来越高，立体裁剪对平面裁剪具有补充作用，所以引进、推广与普及立体裁剪技术成为时代发展的必然。

    立体裁剪技术既适合初学者，也适合专业设计及技术人员的技术提高。专业设计及技术人员想设计、创造理想的成衣及艺术作品，就更需要掌握立体裁剪这门技术。

    立体裁剪是设计者靠视觉等感觉塑造出形象，可以边设计边裁剪，直观地完成服装结构设计的裁剪方法，同时也最适合表现设计师的灵感。曹青华依据自己较为成熟的立裁技术及对欧洲流行时装的解读完成这本书，给专业技术人员及设计师提供了一本很实用的参考书，为立裁技术在服装领域的推广及传承做出了自己不懈的努力，我衷心地祝福他越做越好。

中国服装设计师协会技术委员会主任委员

金丽

2011年10月

第2版前言

服装潮流瞬息万变，并与现代人的生活息息相关，在与服装为伴的三年里，既充实又快乐，我将这些珍藏在心底的雀跃和激动，通过剪刀、镜头记录下来并呈现在您的面前。希望借此能让更多的国内同行真正了解欧洲人的工作方式，同时向大家分享我在企业工作与教学过程中的心得体会。

本书的第1版自面世以来，一直受到服装院校师生、服装企业从业者及服装爱好者的广泛支持和关注，并于2012年获得中国纺织工业联合会优秀图书奖。此次再版是在原有的基础上增加了第三章下装的立体裁剪和第六章晚装、礼服、婚纱的立体剪裁内容，修改了第四章无袖款型的立体裁剪和第五章有袖款型的立体裁剪部分作品，让读者再次零距离感受欧洲时尚服装。

书是技术和文化的载体，经得起市场和时间打磨的服装技术书籍，才会得到广大读者的认可。在本书的撰写过程中，得到许多业界同仁的帮助与大力支持。感谢广东轻工职业技术学院艺术设计学院服装系李罗娉老师，感谢一直给予我帮助的中国台湾何明派先生、何莎小姐以及菲逊服装技术研究院的同学们。

我对本书一直怀着极大的热情，并为它感到既高兴又遗憾。高兴，是因为我终于如期认真地完成了它；遗憾，是因为我不得不暂时与我喜欢的作品、摄影棚"分手"。但是我相信我们对完美服装的共同追求以及对立裁作品创作的热爱是认真且持久的。

至此，我创办的菲逊服装技术研究院已走过了不平凡的八年。这些年里，我与我的同行一起经历并见证了中国服装产业发展的全过程。共同实践着对服装行业的热爱和对未来美好生活的追求。我深知服装产业发展的未来任重而道远，我们会为自身肩负的责任付诸行动，努力培养设计师、纸样师、工艺师来推动中国服装产业的创新、发展，以满足新时代的需求。

为了完善此书，我收集了大量的资讯，包括2010~2014年巴黎、米兰、伦敦、纽约时装周的作品，反复进行具体实践，尽管付出了很多的努力，但是书中难免仍有错漏之处，在这里恳请各位服装行业专家、学者不吝赐教，提出宝贵建议，使之不断完善！

曹青华

2014年5月于广州

第1版前言

　　一直以来，全球时尚资讯通过巴黎、米兰、伦敦、纽约这些中心迅速发布到世界各地，包括中国。伴随着中国服装业的迅猛发展，服装技术人员与日俱增。身在中国时尚前沿城市——广州，笔者更加深感流行资讯的快捷。多年前，我就有将自己的所学和感悟归纳为文字整理成书的想法，自以为在服装立裁方面已足够成熟，但2006年的巴黎之行使我的想法暂时搁置。巴黎高级时装公会的校长先生曾对我说了一段有意思的话："你的想法很好，立裁可以写成书。但是对人台与布料之间的空间量的把握、布料的性能、操作过程中那些瞬息万变的感觉是很难用语言文字表达出来的。如果你想看立裁书，我建议你去美国看看，他们已经把它写成了书。"他的话对我触动很大，使我静下心来重新学习和了解西方文化，体会法国人的生活方式，好好整理了自己的思绪，暂时搁置了编写立裁书的想法。近几年，我又有很多新的感悟：服装业是个塑造时尚的行业、创造美的行业、发现美的行业！倘若全按欧洲人的想法，那么就没有中国、日本，美国甚至非洲的服装。正是因为不同地域文化对服装的理解不同，才形成全球化时代服装风格的多姿多彩！因此，我学习摄影技术，并又重新拿起剪刀，经过三年多的努力，记录并整理了自己一直以来对立裁的理解。要成为一名具有审美品位的优秀纸样师，不但要有平面制图的技能、要有非常熟练的电脑操作能力，更要有立体裁剪的能力。立裁最重要的功能就是把对平面裁剪来说难以理解的款式结构直观地表现出来，以加深人们对平面裁剪与人体的认识。它不仅是一种工作方式，还能够让人们在实际操作过程中提高自己把握时尚的眼光与判断能力。

　　学无止境，我一直虚心地向法国、意大利的老师学习关于立裁的处理方法与工作方式，并游历、参观和考察了巴黎地区不同类别的服装学校与高级成衣设计工作室，从中学到了许多宝贵知识，并结合中国服装企业的实际情况进行了实践和应用。例如本书中对法国和意大利广泛使用的以纸为材料进行的立裁方法就有不少篇幅的介绍和讲述。这对解决国内传统立裁速度较慢的问题有很大帮助，更便于企业同行之间的操作，而且这对于服装专业的学生以及对立裁感兴趣的非服装专业初学者来说，也将为他们打开一个全新的思路，是他们了解服装技术的一个很好的平台与窗口。

　　无论是国外引进的教科书，还是国内相关学者出版的立体裁剪类书已经不在少数，有些以理论为主、操作为辅；有些以实操为主、理论结合。从演示方式来看，有些是过程或成品的实际拍摄，也有些是用绘图演示。为更好地让读者理解和实践立体裁剪，本书图文并茂，包含了大量完整的立体裁剪操作过程照片，并加以详细的文字说明，譬如进行立体裁剪前对款型面料特点的思考以及实践过程中的理论说明。书中所有尺寸单位为厘米。

　　本书并非仅仅从一个立体裁剪教授者的角度出发，而更多的是从学习人员和设计者的角度出发，对每一个实践范例，均从材料、款型、设计效果及部分相关品牌的板型风格开始进行介绍，然后通过照片，详细、完整地演示了运用白纸、白坯布、实物面料等多种不同类型的材料进行立体裁剪的整个过程。书中内容均为本人长期以来积累的板型设计及服装造型工作的经验总结，加上不断地学习研修，从实践到理论，再从理论回归实践，针对欧洲品牌板型和立裁手法进行研究、分析和比较所得，如有不当之处，请多指正！

　　通过多年的服装企业打板工作与立裁教学，我总结了一些经验，其中有不少感悟和收获，曾经在挫折时失意、顺利时喜悦、彷徨时忧伤、成功时快乐，这些都将成为丰厚的收获与宝贵的财富。在此过程中，我得到过许多人的帮助和鼓励，首先要感谢我的老师、法国ESMOD艺术学院的布鲁诺·卢阿诺先生，意大利科菲亚院长乔万尼先生，安徽服装专修学院院长吴兴鹏先生，中国服装设计师协会技术委员会主任委员金丽女士，以及本书的第二作者、海南大学三亚学院艺术分院服装与皮具设计专业的黄超伟老师，还要感谢何明派、孙罗睿、李罗娉……感谢在这本书编写过程中对我提供过帮助及所有支持我的人！

　　在服装设计工作这条崎岖的道路上，我已经奋斗了20多年，并将一直奋斗下去。记得著名诗人艾青曾经说过"为什么我的眼里常含泪水？因为我对这土地爱得深沉"，我也想说："为什么我对服装设计情有独钟？因为我对服装行业爱得很深……"我爱手中的剪刀，我爱身边的学生，我爱服装设计和教学这项事业，我将竭尽全力为中国服装行业服务，尽心尽力传授我所了解掌握的一切有关服装的知识。我深信，中国服装行业的明天会更加美好、更加繁荣、更加人才辈出！

　　本书大部分时装图片来源于Christian Dior、Giorgio Armani、Karl Lagerfeld、Alexander McQueen、Elie Saab、D&G、MaxMara、Emanuel Ungaro和Byblos等2010与2011年巴黎、米兰时装周作品。在此表示感谢！

曹青华
2011年10月于广州

目录

基础理论部分

第一章　关于立体裁剪　14
　1.1　立体裁剪的应用现状　14
　1.2　立体裁剪和平面裁剪的区别　16
　1.3　学习立体裁剪的意义和重要性　17
　1.4　立体裁剪使用的材料　18

第二章　立体裁剪的操作基础　22
　2.1　选人台和贴人台标注线　22
　2.2　上半身原型制作　25
　2.3　三面构成白纸立体裁剪　29
　2.4　四面构成坯布立体裁剪　32
　2.5　四面构成白纸立体裁剪　37
　2.6　分割线的运用　41

实践操作部分

第三章　下装的立体裁剪　50
　3.1　裤台标注线　50
　3.2　Jean Paul Gaultier 裙　54
　3.3　Diesel Black Gold 紧身裤　58
　3.4　DAKS 宽松裤　63

第四章　无袖款型的立体裁剪　68
　4.1　纸造型实例　69
　4.2　Salvatore Ferragamo 女装　73
　4.3　Byblos 单肩式女装　77
　4.4　Bottega Veneta 女装　84
　4.5　Byblos 绕颈式女装　89
　4.6　Emanuel Ungaro 女装　95

第五章　有袖款型的立体裁剪　102
　5.1　Giorgio Armani 女装　103
　5.2　Andrew Gn 女装　110
　5.3　Amanda Wakeley 女装　119
　5.4　Christian Dior 双层式外套　124
　5.5　Max Mara 女装　132

进阶应用部分

第六章　晚装、礼服的立体裁剪　　　　140
　　6.1　Elie Saab V 领式晚装　　141
　　6.2　Christian Dior 晚装　　147
　　6.3　Elie Saab 单肩式晚装　　153
　　6.4　Alexander McQueen 礼服　　158
　　6.5　Vera Wang 婚纱　　168

后记

对立体裁剪造型及判断能力的
培养至关重要　　　　175

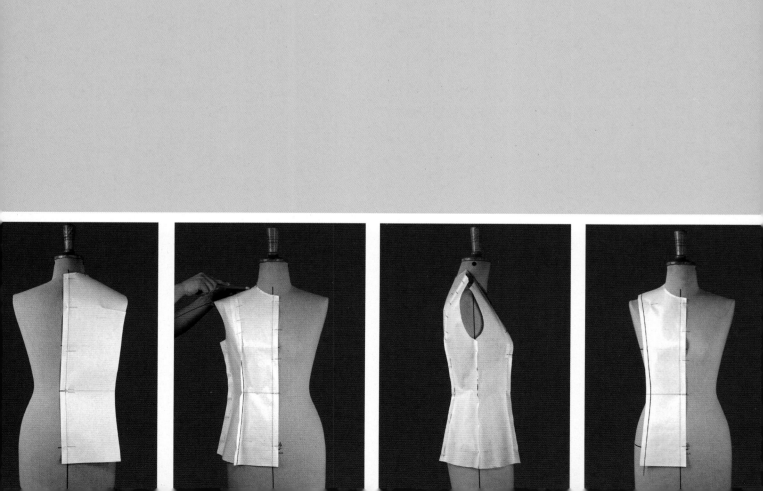

基础理论部分

第一章　关于立体裁剪

1.1　立体裁剪的应用现状

1.2　立体裁剪和平面裁剪的区别

1.3　学习立体裁剪的意义和重要性

1.4　立体裁剪使用的材料

第二章　立体裁剪的操作基础

2.1　选人台和贴人台标注线

2.2　上半身原型制作

2.3　三面构成白纸立体裁剪

2.4　四面构成坯布立体裁剪

2.5　四面构成白纸立体裁剪

2.6　分割线的运用

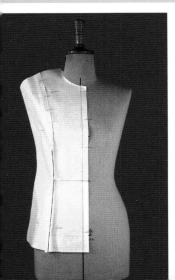
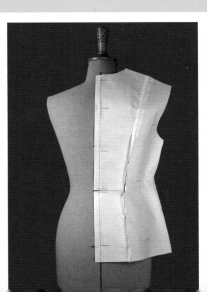
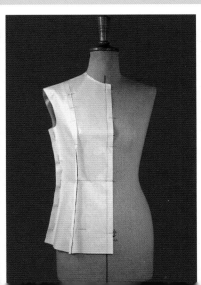
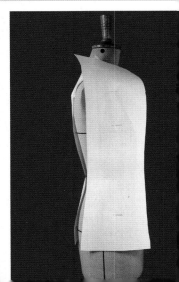

第一章 关于立体裁剪

1.1 立体裁剪的应用现状

图1-1 立体裁剪

对于很多从来没有接触过立体裁剪（简称立裁）的服装专业初学者或长期习惯于服装平面制板方法的制板师而言，立体裁剪仿佛蒙着一层神秘的面纱，给人印象通常是难以下手，难以掌握。

其实，立体裁剪是服装设计的一种造型手法，就是直接用纸或坯布缠裹于模特身上（图1-1），或者选用与面料特性相接近的试样布，直接披挂在人台上，利用标注线、贴纸、剪刀、大头针、针线进行裁剪与设计，一般用于板型讲究的高级时装或者无法直接用平面制板的款式。另外，立体裁剪的英文是Draping，意思指自然皱褶、悬垂、悬垂性（面料）等。布料的悬垂性能够产生优美的皱褶，通过立体造型可以制作出皱褶丰富的服装造型。立体裁剪并不复杂，关键是手法要规范、正确，准确无误地将立体裁剪所获得的板型拓展到平面的纸样上去。

中国服装业经过多年蓬勃发展，现在国内品牌已不满足于传统的平面制板。可以这样说，款式抄袭容易，板型是难以准确复制的，因此，现在时装设计中越来越多的款式变化都离不开立体裁剪。

许多制板师长期致力于平面板型制作，常受困于公式与尺寸，无法发挥想象力和创造力。而立体裁剪可以帮助他们抛开尺寸的束缚，在一定的尺寸基础上进行灵活变化，做到尺寸在心中。然而，虽然近年来板型设计人员已经开始意识到掌握立体裁剪的重要性，而瞬息万变的市场环境往往不允许制板师有足够的空间和时间去钻研立体裁剪，这导致运用立体裁剪去进行板型设计的手法各异，许多操作上的弊端使立体裁剪做出来的板型不能准确运用到工业化纸样生产中，更多的时候，为了更快速地制作生产用的工业纸样，立体裁剪只是作为平面制板的修整，譬如用立裁调整坯布样衣，又或者用来进行局部造型的制作，譬如用平面裁剪制作衣身，立体裁剪配领。

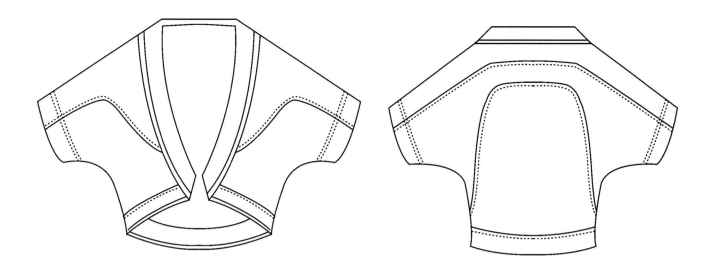

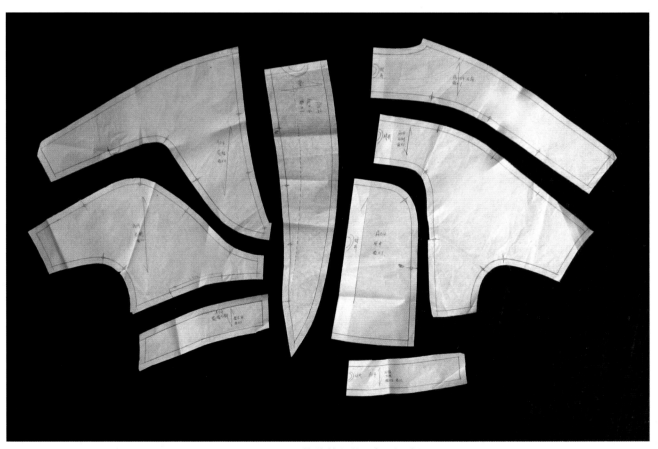

图1-2 用立体裁剪制作的板型纸样

从图1-2可看出款式图和立体裁剪制作出的板型纸样，在这一款式中，如果仅通过平面裁剪的胸腰省量处理，非常规的款式分割线难以发挥最大的作用。

而在国外，立体裁剪的运用更为广泛，结合工艺的制作和布料的特性，通过立体裁剪制作出来的板型更加准确，板型分割线条往往与常规平面制板所得到的板型线条有别，有时候需要让专业的制板师慢慢思考工艺如何处理才能到位。

1.2 立体裁剪和平面裁剪的区别

在服装行业术语里，裁剪（cutting）通常就是指一件服装的结构平面化而成为可供工业生产用的裁片时，对所有裁片的造型线条、各项尺寸参数以及结构工艺的处理。立体裁剪与平面裁剪属于不同的剪裁方法，都是完成服装款式造型的重要方法之一。立体裁剪是三维造型，将布料直接覆盖在人台或者人体上，通过分割、折叠、抽缩、拉展等技术手法制成预先构思好的服装造型，然后再将从人台或者人体上取下裁好的布样进行平面修正，并且转换成更加精确得体的样板，再制成服装。而平面裁剪是通过平面二维的方法去设计和制作，从而得到可以进行工业化生产的样板。

设计人员画出款式图和效果图后，制板师直接在图纸上平面画出样板来，就是平面裁剪。而立体裁剪则是设计人员用一个模特（人台）根据设计对象的体型做出合适的造型效果。通常而言，立体裁剪的衣服给人的印象是穿起来更舒服、更合身，因此更受人喜欢。然而在工业化生产中，对于制板师而言，立体裁剪的准确性和效率不及平面裁剪，因此对于简单、容易实现的款型，一般采用平面剪裁；对于造型复杂、不同于常规的款型，一般采用立体裁剪，或者平面结合立体，即部分采用平面裁剪，在一些复杂难以把握体积和松量的局部使用立体裁剪。然而，无论是平面裁剪还是立体裁剪，最后还是要回归到平面的适合工业化生产的纸样上。立体裁剪耗时可能较长，而且很考验制板师的眼光、审美、品位和动手造型能力。但是随着国内服装市场的发展，服装品牌的品质和档次不断提高，立体裁剪面对的是一个更加广泛的舞台。

相对于平面裁剪，立体裁剪造型优点如下：

（1）直观性：立体裁剪是一种模拟人体穿着状态的裁剪方法，可以直接感知成衣的穿着形态、特征及松量等，是公认的最简便、最直接的观察人体体型与服装构成关系的裁剪方法，在这方面，平面裁剪无法比拟。

（2）实用性：这种方法不仅适用于结构简单的服装，也适用于款式多变的服装；适用于西式服装，也适用于中式服装。同时，由于立体裁剪不受传统平面计算公式的限制，而是按设计的需要在模特（人台）上直接进行裁剪创作，所以它更适用于个性化的品牌时装设计。

（3）适应性：立体裁剪技术不仅适合专业设计和技术人员，也非常适合初学者。只要能够掌握立体裁剪的操作技法和基本要领，具有一定的审美能力，就能自由地发挥想象空间，进行设计与创作。

（4）灵活性：在操作过程中，可以边设计、边裁剪、边改进，随时观察效果、随时纠正问题。这样就能解决平面裁剪中许多难以解决的造型问题。例如：在礼服和时装的设计中，经常有不对称、多皱褶及不同面料组合的复杂造型，如果采用平面裁剪方法是难以实现的，而用立体裁剪就可以方便地塑造出来。

（5）正确性：平面裁剪是经验性的裁剪方法，设计与创作往往受设计者的经验及空间的局限，不易达到理想的效果。而立体裁剪与人体几乎为"零接触"，可以令正确性与成功率都非常高。

由于立体裁剪有上述许多优点，所以受到业内人士的关注和重视。目前一些企业、公司及设计师把它作为一种新的设计元素及品牌竞争的核心技术。但是，立体裁剪与平面裁剪是相辅相成的，它们之间从来不是对立。掌握了立体裁剪，平面裁剪的制板工作会更加融会贯通，对于空间造型和放松量的把握更准确（图1-3）。

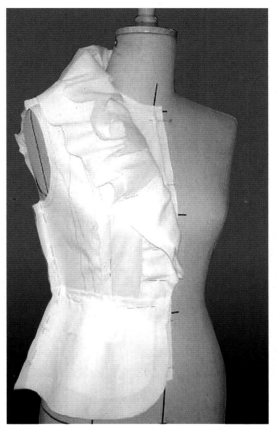

图1-3 立裁配领是目前具备立体裁剪能力的板型设计师经常采用的方法

1.3　学习立体裁剪的意义和重要性

一直以来，国内女装品牌企业以普通成衣为主要产品，在中国服装业蓬勃发展与企业越来越重视板型技术、品牌板型风格以及产品设计的品质感的同时，国内女装品牌在板型裁剪领域的自我开发上却显得较为薄弱，更多的是参考和模仿国外的款型。而掌握了立体裁剪，制板师就能够通过自己的实践去提高这方面的技术和能力，使设计的品质和造型的原创性得以提升。

目前，国内市场上现有的女装板型设计人才多为长期专门从事传统的平面裁剪工作出身，知识面与技术手法普遍比较单一；而近年来高校所培养的服装工程人才虽然文化素质比较高，但缺乏市场经验和长期深入的技术研究，一直以来未能较好地满足服装行业的发展需求。学习立体裁剪，可以使从事传统平面裁剪的制板师实现多元化的设计，提高自身的审美造型能力。对于院校的学生，通过立体裁剪，可以有更多的机会培养自己的技术和工艺处理的能力，增加板型设计的经验。

从板型设计和工艺处理来看，立体裁剪可以使制板师从立体多维的角度去提升对量和空间造型的把握能力，这样能够使他们在运用平面裁剪时，对立体空间造型、省量变化的处理及放松量的配置更精准，更有效。如图1-4所示，从肩部以

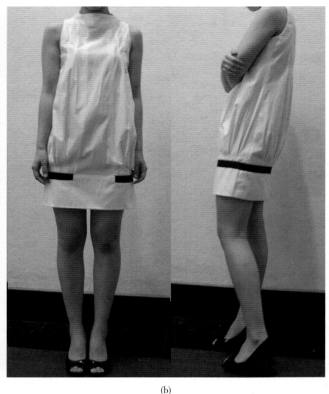

(a) (b)

图1-4　立体裁剪板型及效果展示

下的皱褶量加上胸省的省量、通过下摆的设计收掉下摆的松量，这些量的多少和造型的体积感，如果不经过平时立体裁剪的积累，对于长期从事平面裁剪制板的制板师而言，某种程度上是难以准确把握其最合适的体积和效果的。

1.4　立体裁剪使用的材料

在不同的地方、不同的市场、不同国家和文化中，人们采用不同的材料去进行立体裁剪。在日本，从院校到服装企业，大多采用布料来进行立体裁剪的操作，这体现了他们理性严谨的风格。在欧洲，尤其是意大利，很多制板师采用纸来进行立体裁剪，这也体现了他们浪漫不拘一格的文化。用纸来进行立体裁剪，可以更快、更节俭地看到效果。在法国，很多制板师直接使用接近正确面料风格的试样布进行立体裁剪，这也体现了他们在制作高级时装与高级成衣的过程中追求完美品质的特点。

本书的制作范例运用了白纸和坯布两种材料，两种材料各有千秋，具体分析如下：

（1）相对于白坯布和布料，用白纸做立体裁剪成本要便宜很多，而对于设计制作人员而言，成本是很重要的。坯布有布料的质感和重量，在某些款型中更接近设计效果，但成本比纸要贵。而接近正确布料的试样布价格最贵，而且最接近实际效果，但是操作起来的要求更高，对于刚开始接触立体裁剪的初学者或者制板师而言，成本过高，不容易操作（图1-5）。

（2）用白纸立裁，只需要用铅笔画出纱向线就可以开始工作，前期准备工作方便、快捷，省去了整烫归正布料，然后精确找出纱向的时间。用坯布和试样布花的时间比较长，一些初学者可能略嫌繁琐，但有些企业要求制板更加精确和接近最终的效果，减少打板、改板的次数，提高效率，因此往往不在乎试样布的成本，放手让制板师根据习惯和需要进行立体裁剪（图1-6、图1-7）。

（3）用白纸立裁，后期整理不用像对白坯布一样整烫归正纱向，只需要经过线条修正，就可以将立体裁剪所获得的板型转移到平面上，通过适当的线条调整，得到完整的平面结构图。

（4）白纸可塑性比较强，在设计插肩袖、插角袖等部件时更容易发挥优势，而且由于本身质地特点，结构上存在的问题会马上在白纸上体现出来。而由于坯布或试样布易于拉伸，因此面料本身具有一定的可塑性，有些问题在立体裁剪过程中往往不容易被发现。

（5）综上所述，在企业中运用白纸做立裁可以节省很多时间，大大提高工作效率；用布料可以方便保存，甚至经过简单缝制后可以作为样衣试穿。而纸虽然价格低廉，但容易损坏，保存时受环境影响的因素更多，例如纸受潮尺寸发生变化等。

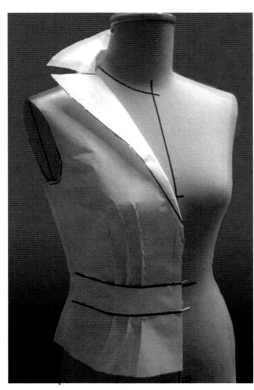

图1-5　用白纸做立体裁剪

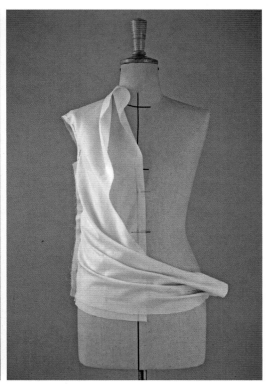

图1-6　用坯布进行立体裁剪

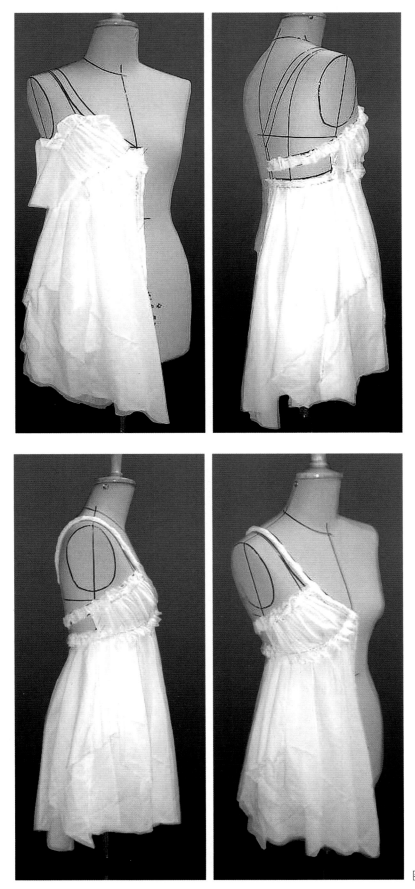

图1-7　用布料进行立体裁剪

第二章　立体裁剪的操作基础

　　本章主要讲解有关人台的选择、标注线的贴法、衣身的结构变化以及运用等方面的知识。文中用照片演示了立体裁剪的详细步骤与正确方法，结合部分文字说明，使初学者能够非常直观地了解立体裁剪的基本操作手法、布料与人台之间放松量的把握，这些都是对于制作出形式、功能兼备的立体板型至关重要的事项。

　　以下将介绍一些基本知识，从怎么选人台、别针，到纸与白坯布的立体裁剪技法对比、平面与立体的结合运用、工作中如何处理不常见的分割线。需要指出的是，衣身是服装的重要组成部分，只有很好地掌握衣身结构与变化原理，才能一变二、二变四，不断变化出多变的服装款式。初学者通过学习可以触类旁通，必将在实际工作中得到充分的发挥与运用。

2.1　选人台和贴人台标注线

　　人台的选择是立体裁剪的第一步。要根据每家公司、每个品牌的风格与定位选择合适的人台。通常立体裁剪用的人台是在人体净尺寸基础上进行美化后得到的标准的人台。一般中码胸围84cm、颈围35cm、肩宽38.5cm、腰围66cm、前腰长41cm，从侧颈点至胸高点为：少女装24cm、少妇装24.5cm、妇女装25cm。少女装胸臀差2cm左右、少妇装胸臀差4cm左右、妇女装胸与臀差6~8cm。尺寸重要，但体型更加重要。选择符合定位的标准人台、使用正确的立体裁剪方法，是立体裁剪的两要素。不要只停留在为一个人去做一件衣服，应该做线条很好、整体很完美的服装，并能将不同的人包藏进去，隐藏人体的不完美，这才是好的服装设计。

　　标注线是用来协助工作的，应依据个人的实际需求做适合自己的标注线。有些国家的设计人员对人台标注线只贴前后中心线，分割线的位置可以依据操作者的审美观创作完成。他们认为如果标注线全部贴得很详细，会限制操作者的创造力和想象力。也有些人标注线贴得比较齐备，有胸宽、背宽、上臀围、袖窿线等，这样适合设计批量生产的成衣，其样式比较统一，每个款式的分割线不会有太大的误差。进口的标注线贴纸价格相对较贵，可以采用价格便宜而购买方便的广告贴纸，自己裁成狭长的条，适宜立体裁剪使用。

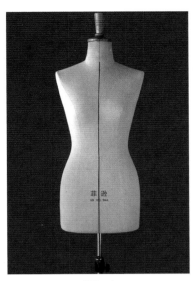

图2-1

以下为贴标注线的步骤：

（1）固定好人台支架，要求平稳，不能够产生晃动。首先，目测人台的前中心线位置并贴好标注线，要求松紧适度，然后用铅锤校正标注线是否与地面垂直并进行调整（图2-1）。

（2）目测人台的后中心线位置并对准贴好标注线，要求松紧适度，方向顺直，然后用铅锤校正标注线是否与地面垂直并进行调整（图2-2）。

（3）从侧颈点垂直向下量41cm为前腰节长，并做好标记。从后颈点垂直向下量38cm为后背长，并做好标记（图2-3、图2-4）。

（4）沿前后标记点作腰围线，要求顺直并平行于地面，如与人台腰围位置不同，可调前后腰节长（图2-5～图2-7）。

图2-2

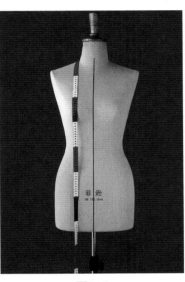

图2-3

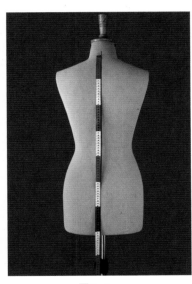

图2-4

图2-5

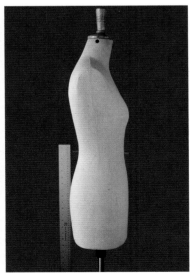

图2-6

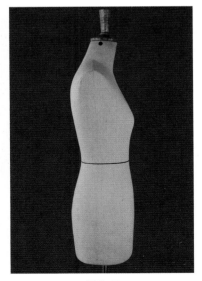

图2-7

（5）从侧颈点垂直向下量24.5～25cm到胸最高点，做水平位置标记。过标记点取胸围线（平行于腰围线），取得水平后用标注线贴出胸围线。从腰围线垂直向下取18cm，贴出臀围标注线（图2-8）。

（6）目测肩部位置，分别取侧颈点向后0.6cm的新侧颈点、肩端点向前0.6cm左右的新肩端点以及侧面胸厚的1/2往后1cm的点，连接这三点和侧缝，并引垂直地面的线为最终侧缝线，用标注线贴出（图2-9）。

（7）沿后颈点、侧颈点至前颈点下0.5cm做标注线，此为领围线（图2-10）。

（8）完成后的标注线要求整体自然、顺直、牢固、交叉位线条长短适度，横向线水平于地面，纵向线垂直于地面（图2-11、图2-12）。

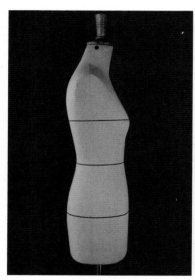
图2-8

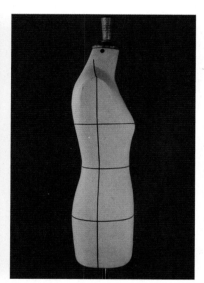
图2-9

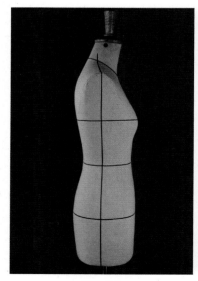
图2-10

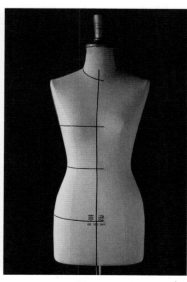
图2-11

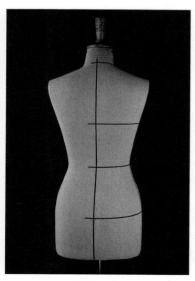
图2-12

2.2 上半身原型制作

首先介绍一下立体裁剪插针的规范方法。

立体裁剪的初学者和一直从事平面制板的制板师如果刚开始接触立体裁剪，往往在一些细节上操作手法各异，而影响立体裁剪的准确性。例如，需要注意的别针操作应如下（图2-13~图2-16）：

人台上不同部位的插针方向和插针深度不同。

针尖原则上不能朝上，否则容易扎到手或勾到布料。

插针以不破坏服装造型为原则，横向的针应保持水平方向。

在侧缝、省位处向下的针，顺着丝缕方向向下为佳。

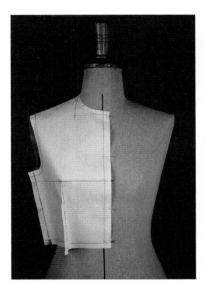

图2-13

图2-14

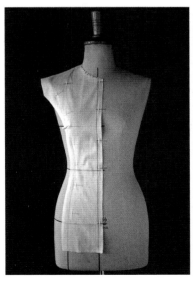

图2-15

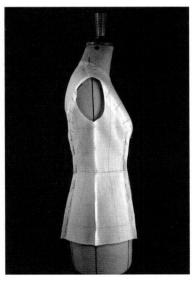

图2-16

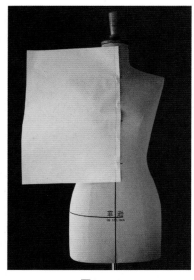

图2-17

下面介绍上半身原型制作步骤。

（1）取一张白纸（纸张光滑面对人台，粗糙面对操作者自己），在纸上用铅笔预先画出前中心线，该线距离纸边1.5cm左右。将白纸前中心线对准人台前中心线，在线上依次固定4针：第1针对准前颈点，第2针对准腰围线，第3针在胸围线上部，第4针在胸围线下部。要求：保持纸面平整，针距合理（图2-17）。

（2）剪去领圈多余量，打上均匀剪口，将纸张摆平在自然状态，于肩下固定第5针。向侧面转折白纸，使之松紧适当、平整自然，固定第6、7针（图2-18、图2-19）。收去多余胸腰省量，剪去肩袖处的多余量（图2-20）。

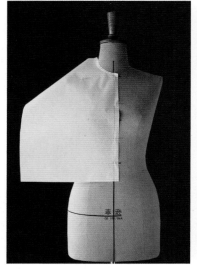

图2-18

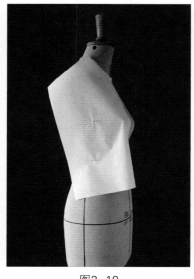

图2-19

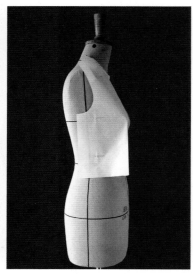

图2-20

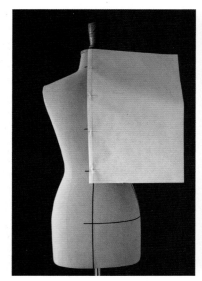

图2-21

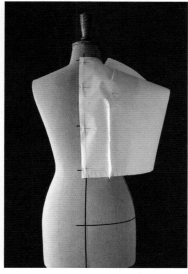

图2-22

（3）另取一张白纸，同样在纸上用铅笔预先画出后中心线，后中心线与纸边的平行距离为1.5cm左右。将白纸后中心线对准人台后中心线，在线上依次固定4针：第1针对准后颈点，第2针对准腰围线，第3针在背宽线，第4针在胸围线下部（图2-21）。

（4）剪去后领圈多余量，打上均匀剪口，在自然状态下于后肩胛骨处固定第5针，收去多余肩省量和腰省量，整平纸张，固定第6针（图2-22）。

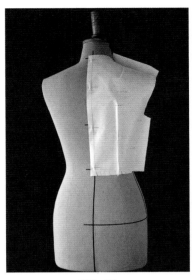
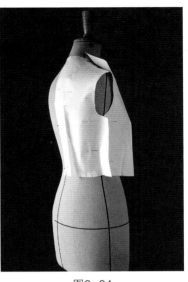

图2-23 图2-24

（5）先由上至下抓合固定侧面，松量大小要适中，围绕人台一周有余量即可，然后前肩纸张盖后肩，固定肩缝，注意不要将针插进人台（图2-23、图2-24）。

（6）修剪领口、袖窿、腰部余量并察看是否松紧合适，用铅笔标注出领圈、胸围线、腰围线和肩缝线（图2-25）。

（7）用铅笔标注出后领圈、后胸围线、后腰围线和侧胸围线（图2-26～图2-28）。

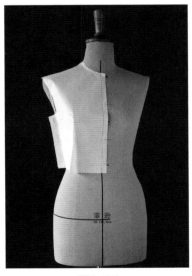

图2-25

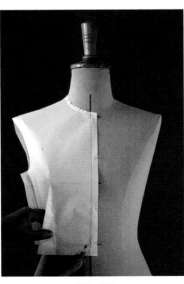
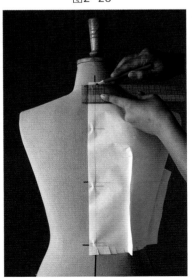

图2-26 图2-27 图2-28

（8）从人台上取下纸样，置于布上。用描线器沿肩线和侧缝线复制前、后片对合部位，并在以下部位做标记来对准前、后片：侧缝、腰对位点、袖窿底部点、肩缝、前后省位和领圈等（图2-29、图2-30）。

（9）用铅笔依描线器痕迹在纸上画出准确的结构线，修剪多余的缝化使止口均匀，注意线条流畅、对位准确无误。然后用大头针固定并穿到人台上面，检查整体是否准确无误，各部位松紧是否适度，如发现问题应立即调整修改（图2-31）。

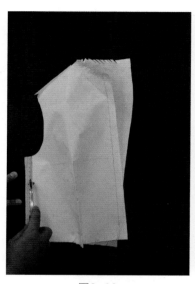  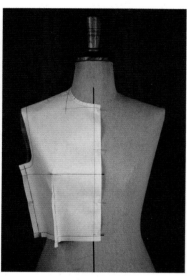

图2-29　　　　　　　　　　图2-30　　　　　　　　　　图2-31

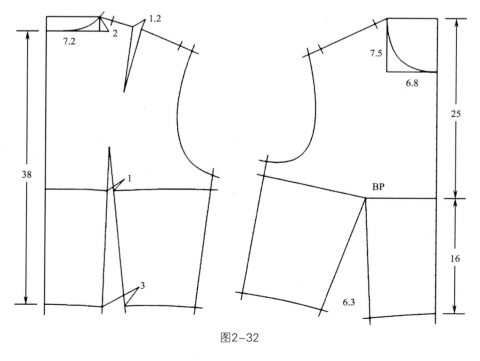

图2-32

（10）再次取下白纸，沿正确的线条复制完整的结构线，得到标准的纸样结构图（图2-32）。

2.3 三面构成白纸立体裁剪

三面构成是传统成衣经常运用的造型方法，现在逐渐被四面构成所替代。三面构成指衣身裁片：分别由前片、侧片、后片三片构成（半身）。三面构成可以很好地表现人体的厚度，所以侧片的宽度与造型比较重要。

（1）用标注线在人台上标注侧片分割线位置，侧片胸围线处宽度为9～11cm（图2-33）。取一张白纸，在纸上用铅笔预先画出前中心线，平行距离纸边1.5cm左右，并画出腰线。将白纸前中心线和腰线对准人台前中心线和腰围线，在线上依次固定5针：第1针对准前颈点；第2针对准腰围线；第3针对准臀围线；第4针在胸围线上部；第5针在胸围线下部（图2-34）。

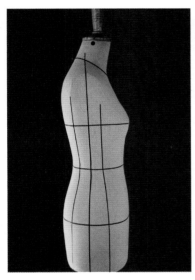

图2-33

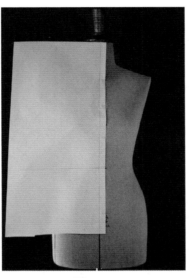

图2-34

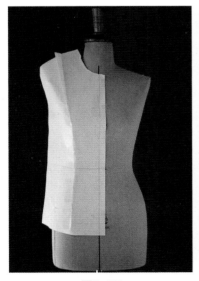

图2-35

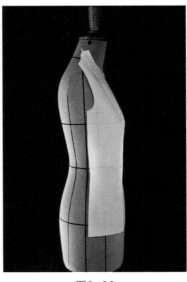

图2-36

（2）剪去领圈多余量，打上均匀剪口，在纸张自然的状态下对准腰线，并保持纸张松紧适度，然后自然整平，固定胸围和臀围线上的第6、第7针，收去多余胸腰省量，剪去肩袖多余量（图2-35、图2-36）。

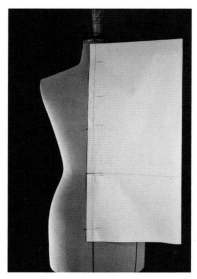

图2-37

（3）在另一张纸上用铅笔预先画出后中心线，平行距离纸边1.5cm左右，并画出腰线。将白纸后中心线和腰围线对准人台后中心线和腰围线，在线上依次固定6针：第1针对准后颈点，第2、第3针对准腰围线（腰围线上、下各一针），第4针在臀围线，第5针在背宽线，第6针在胸围线下部（图2-37）。

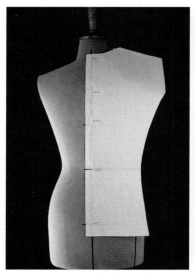

图2-38

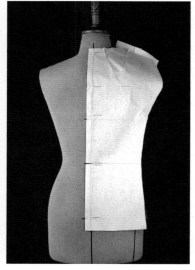

图2-39

（4）剪去后领圈多余量，打上均匀的剪口，在自然状态下固定肩胛骨为第7针，收去领口和肩省量及侧面多余量，修剪多余量（图2-38、图2-39）。

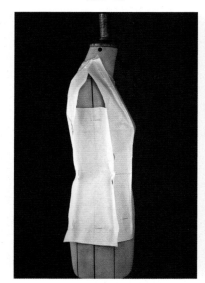

图2-40

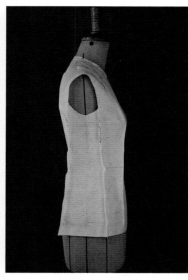

图2-41

（5）取一张白纸做侧片，分别在人台的侧胸围线和臀围线上固定两针，并沿人台上预先设定的侧片分割线位置抓合前、后片与侧片，按腰围、胸围和臀围顺序，先整体、后局部地插针固定（图2-40）。

（6）前肩片盖后肩片，固定肩缝，注意针不要插进人台，修剪领口、袖窿、腰部多余量并查看是否松紧合适，用铅笔标注出领圈、腰围线、肩缝线、胸围底部线（袖窿深）（图2-41）。

（7）从人台上取下纸样，置于布上。用描线器沿肩线和侧缝线所插位置复制前、后片对合部位并对准前、后片的以下位置做标记：侧缝、腰对位点、袖窿底部点、肩缝、前后省位和领圈等。复制完成前勿拆卸大头针（图2-42～图2-45）。

（8）用铅笔依描线器在纸上画出准确的结构线，修剪多余缝位，使止口均匀，注意线条流畅、对位准确无误，然后用大头针固定还原，重新穿到人台上面，检查整体是否准确无误，各部位松紧是否适度，如发现问题应立即调整修改（图2-46）。

（9）取下白纸，沿正确的线条完成结构线，得到标准的纸样结构图（图2-47、图2-48）。

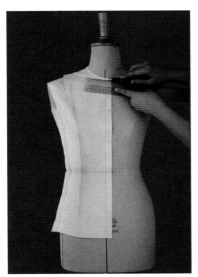

图2-42

图2-43

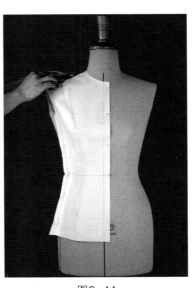

图2-44

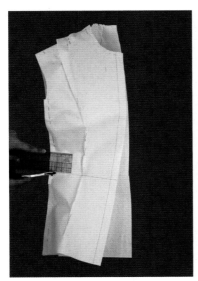

图2-45

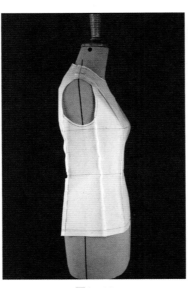

图2-46

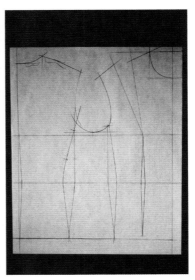

图2-47

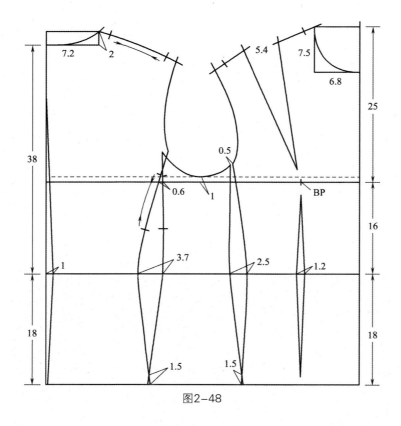

图2-48

2.4　四面构成坯布立体裁剪

四面构成是目前市场最常见的造型方法，许多品牌的款式通常会采用四面构成的纸样作为原型。四面构成指衣身裁片分别由前中片、前侧片、后中片、后侧片四片构成（半身）。前侧片与后侧片的分割线要设置在人体厚度的转折位置，使成衣能很好地表现人体体型，否则成型后的服装会压制人体的活动。

（1）首先用标注线在人台上标注前、后侧片分割线位置，前侧片分割线偏移胸点往侧向1.2cm左右，后侧片的分割线从后中心线开始沿胸围线往右侧移11cm左右（图2-49、图2-50）。取4块白坯布并整理出正确的横纱和直纱。首先做前片，要求面料纱向线对准人台前中心线和腰围线，依次固定5针：第1针对准前颈点，第2针对准腰围线，第3针对准臀围线，第4针在胸围线上部，第5针在胸围线下部（图2-51）。

（2）剪去领圈多余量，打上均匀剪口，自然状态下整平并固定肩下为第6针。沿前侧片分割线位置靠前中用针固定，收去多余胸省量，剪去肩和袖多余量。沿分割线做标记（图2-51～图2-53）。

（3）取另一块白坯布，画好后中心线和腰围线，并将其对准人台后中心线和腰围线，依次固定5针：第1针对准前颈点，第2针对准腰围线，第3针对准臀围线，第4针在胸围线上部，第5针在胸围线下部（图2-54）。

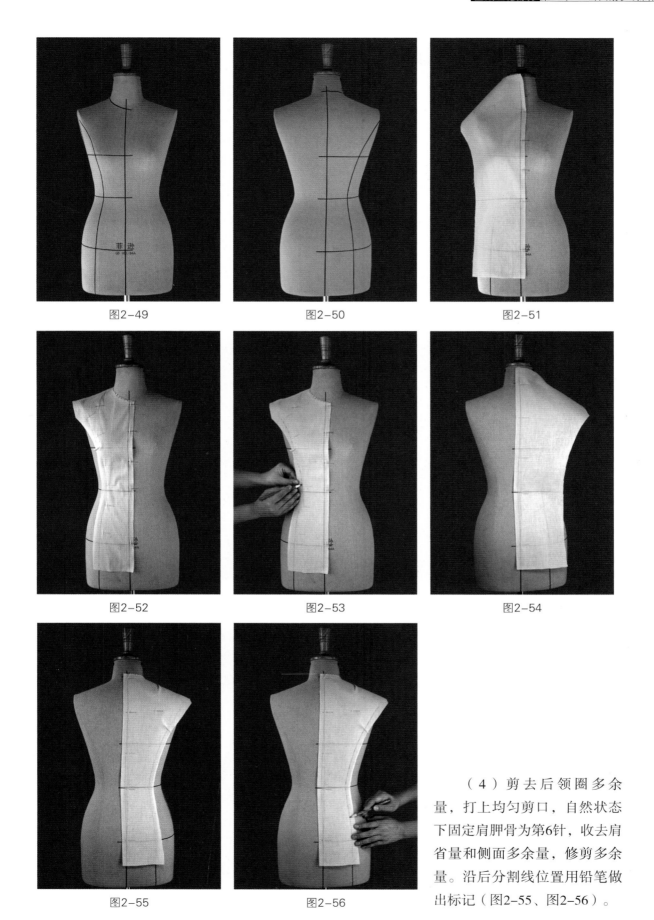

图2-49 　　　　　图2-50 　　　　　图2-51

图2-52 　　　　　图2-53 　　　　　图2-54

图2-55 　　　　　图2-56

（4）剪去后领圈多余量，打上均匀剪口，自然状态下固定肩胛骨为第6针，收去肩省量和侧面多余量，修剪多余量。沿后分割线位置用铅笔做出标记（图2-55、图2-56）。

（5）取另一块白坯布做前侧片，横纱对准人台腰线，直纱要求垂直地面，分别用针固定胸围线、腰围线、臀围线（图2-57）。

（6）分别用大头针均匀固定侧片两侧，然后用铅笔沿标注线做出标记（图2-58）。与前片合并，注意胸围线以下抓合，胸围线以上盖合（图2-59）。

（7）取另一块白坯布做后侧片，横纱对准人台腰线，直纱要求垂直地面，分别用针固定胸围线、腰围线、臀围线，再用大头针均匀固定侧片两侧，然后用铅笔沿标注线做出标记。与后片合并，注意胸围线以下抓合，胸围线以上盖合（图2-60～图2-62）。

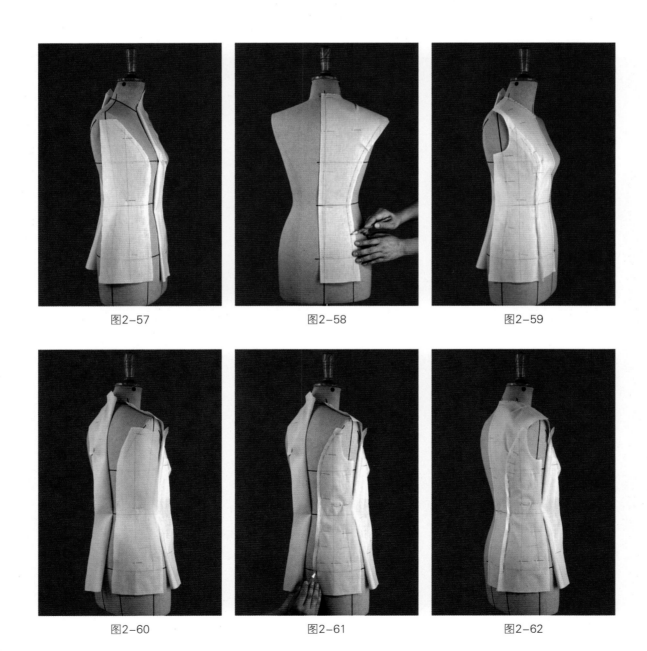

图2-57　　　　　　　　图2-58　　　　　　　　图2-59

图2-60　　　　　　　　图2-61　　　　　　　　图2-62

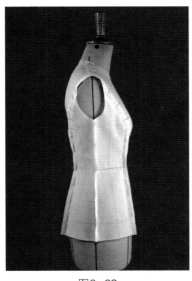

图2-63

（8）抓合侧缝，要求人台和坯布之间的空间适度，按先后顺序固定腰、胸、臀位置。用铅笔标记出肩缝线，前肩片盖后肩片，固定肩缝，注意针不要插进人台（图2-63）。

（9）检查整体松度是否合适、插针是否整齐有序，修剪领口、袖窿、腰部多余量，并查看是否松紧合适，用铅笔标注出领圈、胸围底部线（袖窿深）（图2-64～图2-66）。

（10）从人台上取下白坯布样，用铅笔沿大头针位置做标记并对准前后片的以下部位：侧缝、腰对位点、袖窿底部点和肩缝等，画顺前后袖窿和领圈（图2-67、图2-68）。修正线条并注意线条流畅、对位准确无误，然后用大头针固定并重新还原到人台上面，检查整体是否准确无误，各部位松紧是否适度，如发现问题应立即调整修改（图2-69）。

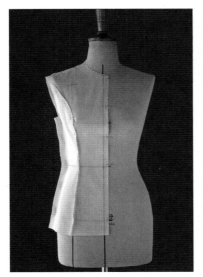

图2-64

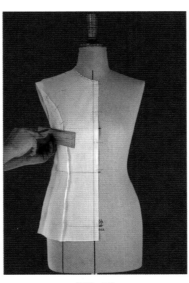

图2-65

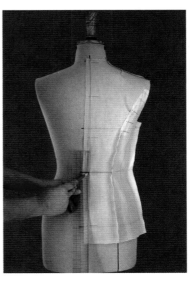

图2-66

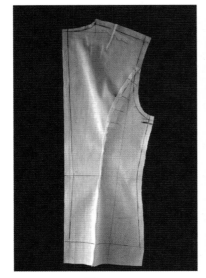

图2-67

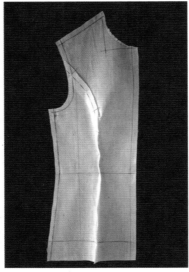

图2-68

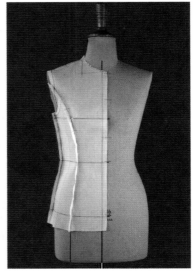

图2-69

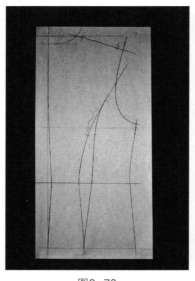
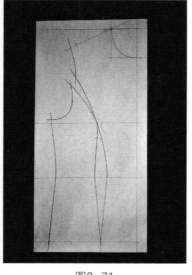

（11）取下白坯布，沿正确的线条完成结构线，得到标准的纸样结构图（图2-70 ~ 图2-72）。

图2-70   图2-71

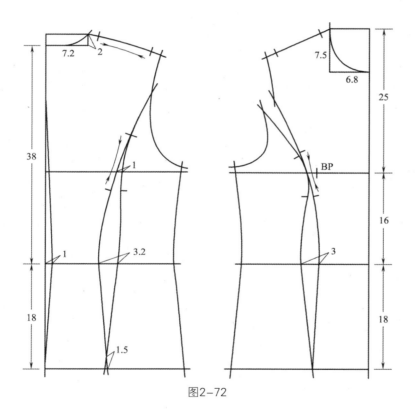

图2-72

  本节所演示的四面构成白坯布的立裁不同于日本的立裁方式。在纸样设计中，首先使用标注线贴出衣身分割线，然后逐步分片操作每块裁片，最后合并拼缝并加放松量。这是一种很好的工作方法，操作起来简单方便，使对松量把握经验不多的初学者和刚开始接触立体裁剪的制板师进行造型复杂的款式分解工作容易了很多。

2.5 四面构成白纸立体裁剪

（1）取一张白纸，在纸上用铅笔预先画出前中心线，平行距离纸边1.5cm，并画出腰围线。将白纸前中心线和腰围线对准人台前中心线和腰围线，依次固定5针：第1针对准前颈点，第2针对准腰围线，第3针在臀围线，第4针在胸围线上部，第5针在胸围线下部。剪去领圈多余量，打上均匀剪口，固定肩下为第6针，并保持腰线对准人台腰围线（图2-73、图2-74）。收去胸部多余量，然后用标注线标出前片分割线，要求线条流畅（图2-75）。

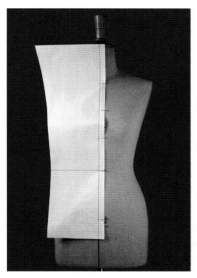

图2-73

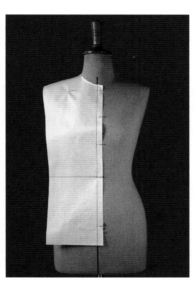

图2-74

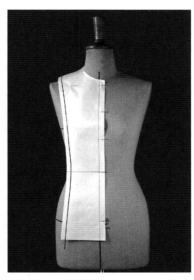

图2-75

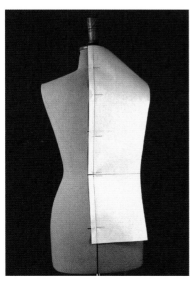

图2-76

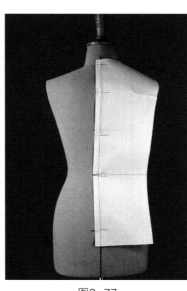

图2-77

（2）在另一张纸上用铅笔预先画出后中心线，平行距离纸边1.5cm左右，并画出腰围线，将白纸后中心线和腰围线对准人台后中心线和腰围线，依次固定5针：第1针对准后颈点，第2、3针对准腰围线，第4针在臀围线，第5针在背宽线，第6针在胸围线下部（图2-76）。

（3）剪去后领圈多余量，打上均匀剪口，收去背省多余量，然后用标注线标出后片分割线，要求线条顺直流畅。修剪多余量，注意前、后肩缝对准（图2-77、图2-78）。

37

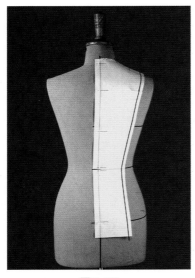

图2-78

（4）取另一张白纸，以前侧面胸围线上和臀围线的两针将其固定在人台上，沿前片分割线位置抓合前中片和前侧片，胸围线下抓合，胸围线以上盖叠，修剪多余量（图2-79、图2-80）。

（5）取另一张白纸，将其固定在人台后侧处，在胸围线、腰围线和臀围线上各插1针做后侧片，胸围线以下抓合后中片与后侧片，胸围线以上盖叠，松紧应适度（图2-81、图2-82）。

（6）抓合前侧片、后侧片，注意松量的把握，修剪侧缝和袖窿多余量。以前肩纸张盖后肩固定肩缝，注意针不要插进人台（图2-83、图2-84）。

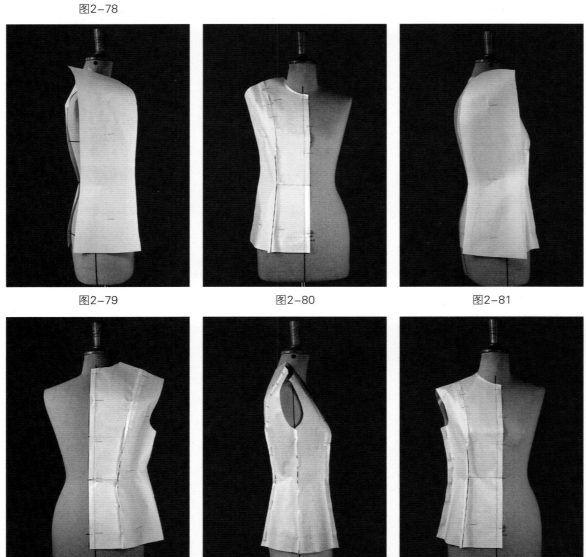

图2-79　　　　　　　　图2-80　　　　　　　　图2-81

图2-82　　　　　　　　图2-83　　　　　　　　图2-84

（7）修剪领口、袖窿、腰部的多余量并查看松紧是否合适，用铅笔标注出领圈线、腰围线、肩缝线、胸围底部线等（图2-85、图2-86）。

（8）从人台上取下纸样，置于布上，用描线器沿肩线和侧缝线复制前、后片对合部位并做标记对准前、后片的以下位置：侧缝、腰对位点、袖窿底部点、肩缝、前后分割线等（图2-87、图2-88）。用铅笔依描线器在纸上画出准确的结构线，修剪多余量，使止口均匀，注意线条流畅、对位准确无误。然后用大头针固定重新还原到人台上面，检查整体是否准确无误，各部位松紧是否适度，如发现问题应立即调整修改（图2-89、图2-90）。

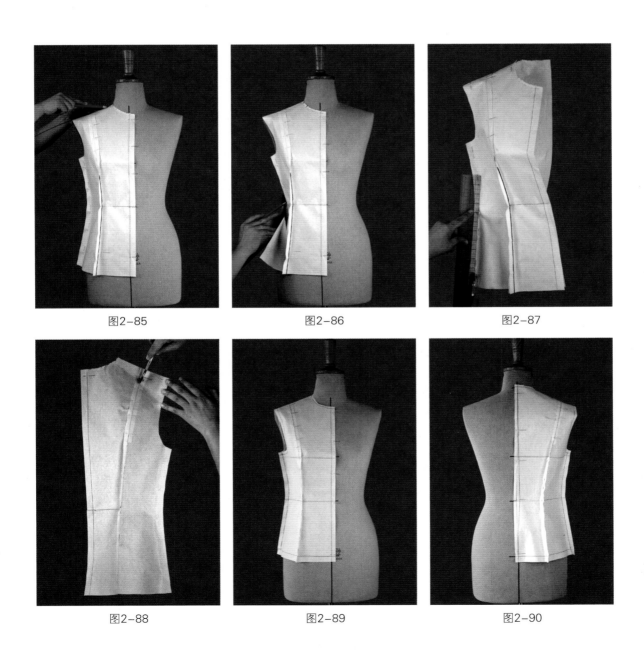

图2-85　　　　　　　　　　图2-86　　　　　　　　　　图2-87

图2-88　　　　　　　　　　图2-89　　　　　　　　　　图2-90

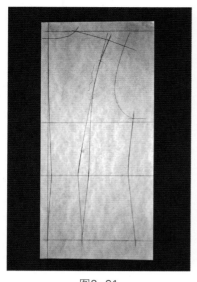

图2-91   图2-92

（9）取下白纸，沿正确的线条完成结构线，得到标准的纸样结构图（图2-91～图2-93）。

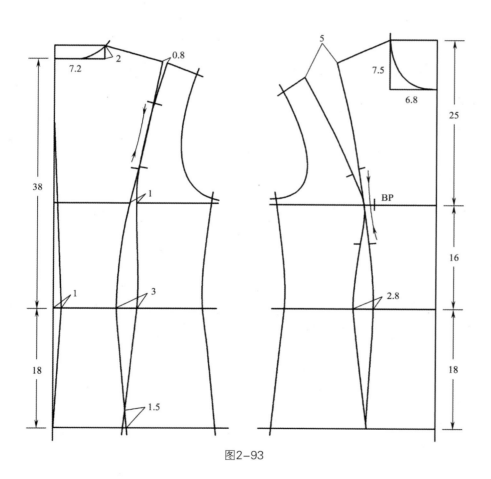

图2-93

本节运用了白纸进行立裁操作，通过上一节白坯布与这节纸的立裁进行对比，可以进一步了解纸与布在制板时的联系与区别，从而更好地运用到实际制板和板型设计中。

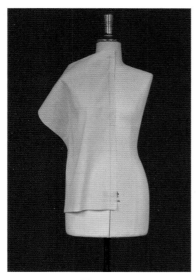

图2-94

2.6　分割线的运用

（1）取一块白坯布并找出纱向线后，对准人台前中心线与腰围线，依次固定4针：第1针对准前颈点，第2针对准腰围线，第3针在胸围线上部，第4针在胸围线下部（图2-94）。

（2）剪去领圈多余量，打上均匀剪口，摆平成自然状态在肩下固定为第5针。向侧面转折，要求松紧适当，然后摆自然，固定第6、第7针，收去多余的胸省、前腰省与侧腰省量（图2-95～图2-100）。

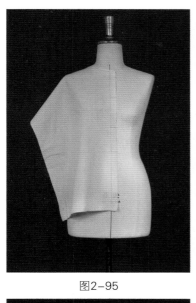

图2-95

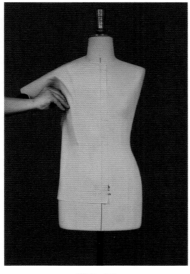

图2-96

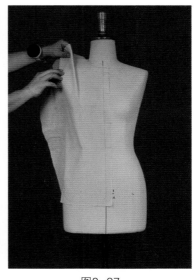

图2-97

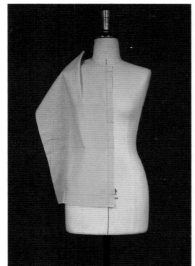

图2-98

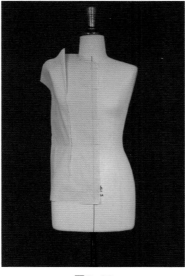

图2-99

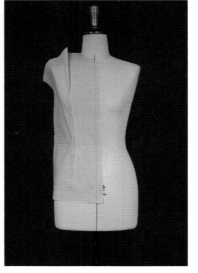

图2-100

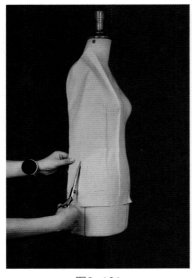

图2-101

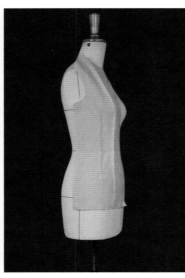

图2-102

（3）注意前中省稍长，侧面腰省稍短。分别修剪肩部、侧面与袖窿多余量，一次修剪不要过多（图2-101、图2-102）。

（4）取另一块白坯布并找出纱向线，对准人台后中心线与腰围线，依次固定6针：第1针对准后颈点，第2、第3针在腰围线上下，第4针在臀围线，第5针在背宽线，第6针在胸围线下部（图2-103）。

（5）整理自然后，摆正纱向，分别以上下两针固定侧面，收腰省。打上均匀剪口，剪去后领圈多余量，收肩省。注意腰省和肩省方向要在同一线上。修剪袖窿余量、肩与侧面余量，不能一次修剪太多（图2-104~图2-108）。

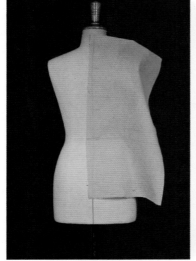

图2-103

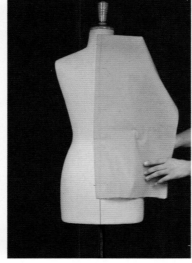

图2-104

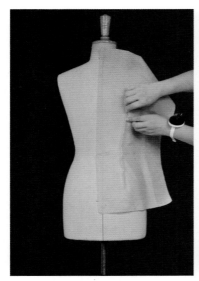

图2-105

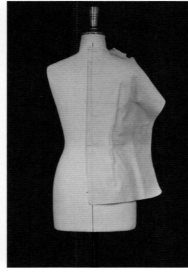

图2-106

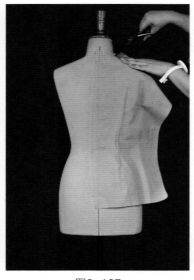

图2-107

（6）对准腰围线，由上至下抓合固定侧面，要使松量像围绕人台一周那样合适并均匀，注意大头针不要插进人台（图2-109～图2-112）。

（7）做肩缝。前肩布盖后肩，用大头针固定肩缝，针不能插进人台。用剪刀修剪肩缝与袖窿多余量（图2-113～图2-115）。

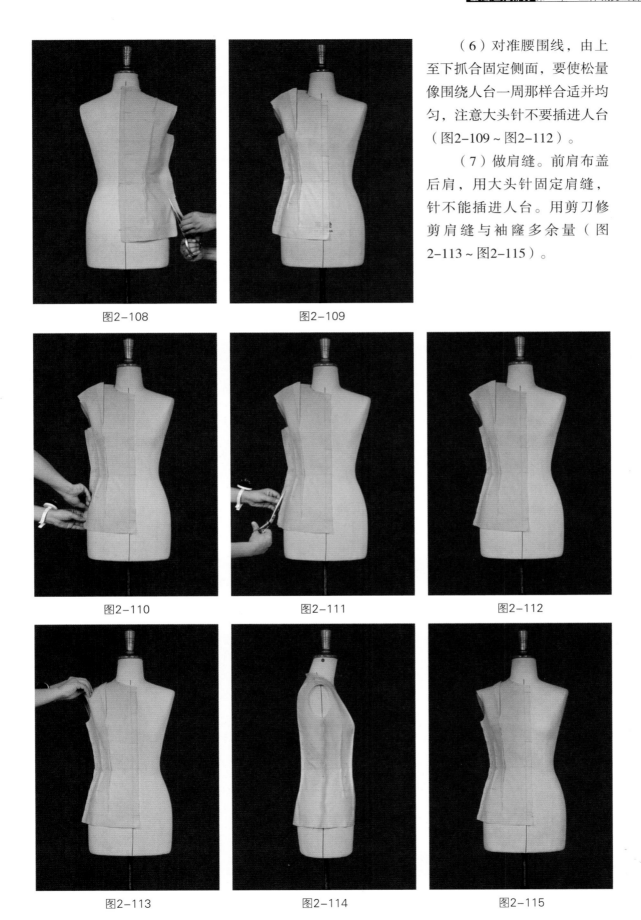

图2-108

图2-109

图2-110

图2-111

图2-112

图2-113

图2-114

图2-115

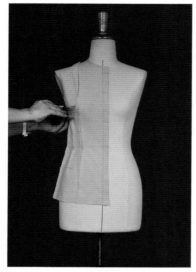

（8）用褪色笔依次标注出胸围线、肩缝线、领圈线、后中线，作为纸样记号（图2-116~图2-119）。

（9）取下白坯布，用笔依次画出准确的结构线，修剪多余量，要求止口均匀。注意线条流畅，对位准确无误，然后用大头针固定还原到人台。检查整体是否准确无误，各部位是否松紧适度，如发现问题应立即调整修改（图2-120~图2-122）。

图2-116

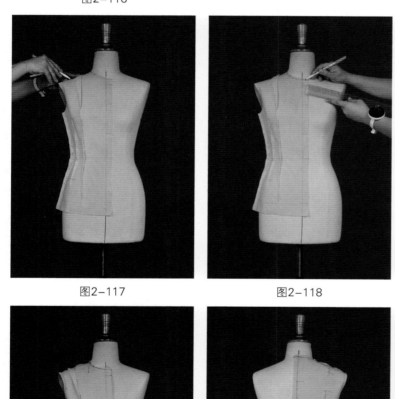

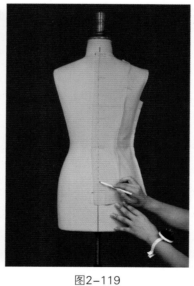

图2-117　　　　　　　　　　图2-118　　　　　　　　　　图2-119

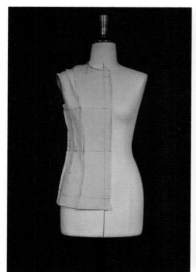

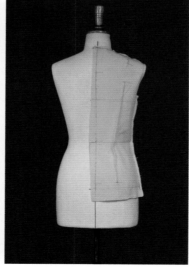

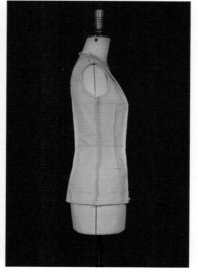

图2-120　　　　　　　　　　图2-121　　　　　　　　　　图2-122

（10）取下白坯布，用褪色笔画出结构线，检查各部位是否准确无误，并画顺线条（图2-123、图2-124）。

（11）还原白坯布到人台。用标注线标出前、侧、后分割线（图2-125~图2-127）。

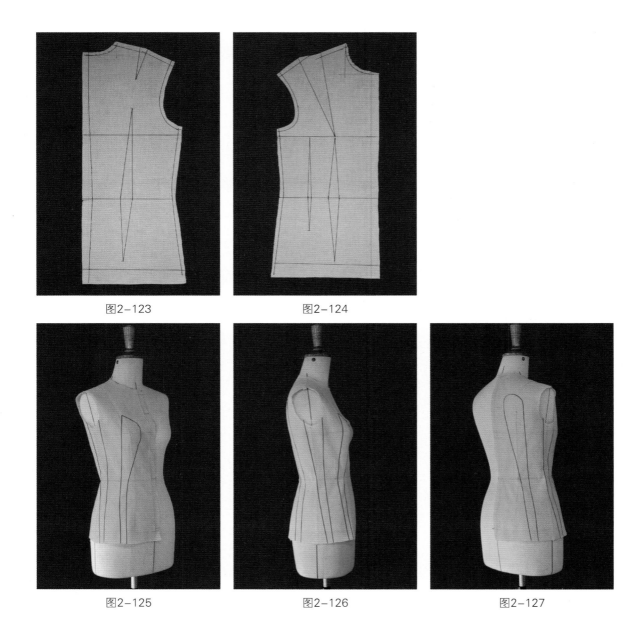

图2-123 　　　　　　　　　　　　　图2-124

图2-125 　　　　　　　　图2-126 　　　　　　　　图2-127

（12）取下衣片并用剪刀沿红色标注线剪开。腰部以下用剪刀剪开，然后加入适当的松量（图2-128、图2-129）。

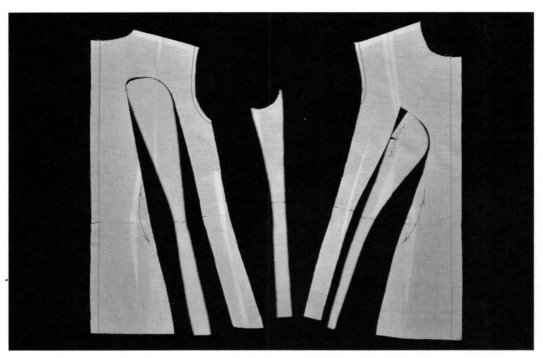

图2-128

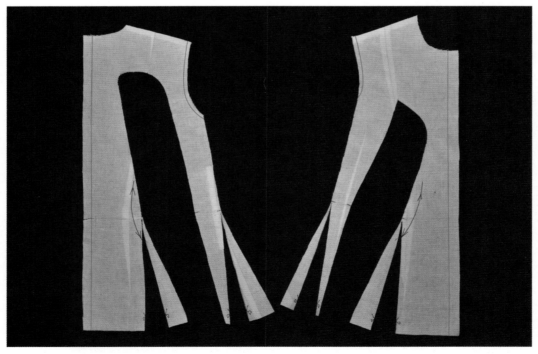

图2-129

（13）取前分割片，用剪刀剪开胸部不平整处，并摆平。剪开量为吃势量，并做对位标记（图2-130）。

（14）取出纸样结构图，用布料车缝裁片还原到人台，得到成品前、后、侧造型（图2-131~图2-133）。

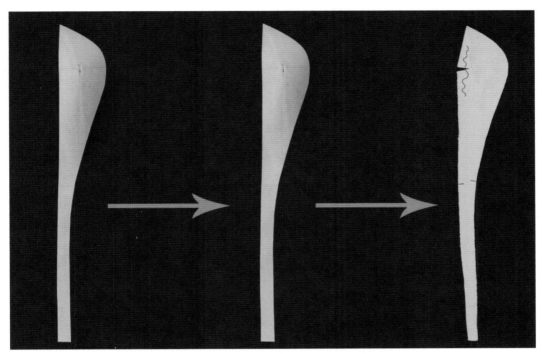

图2-130

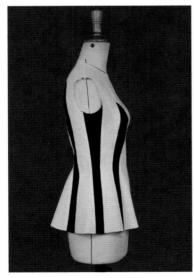

图2-131

图2-132

图2-133

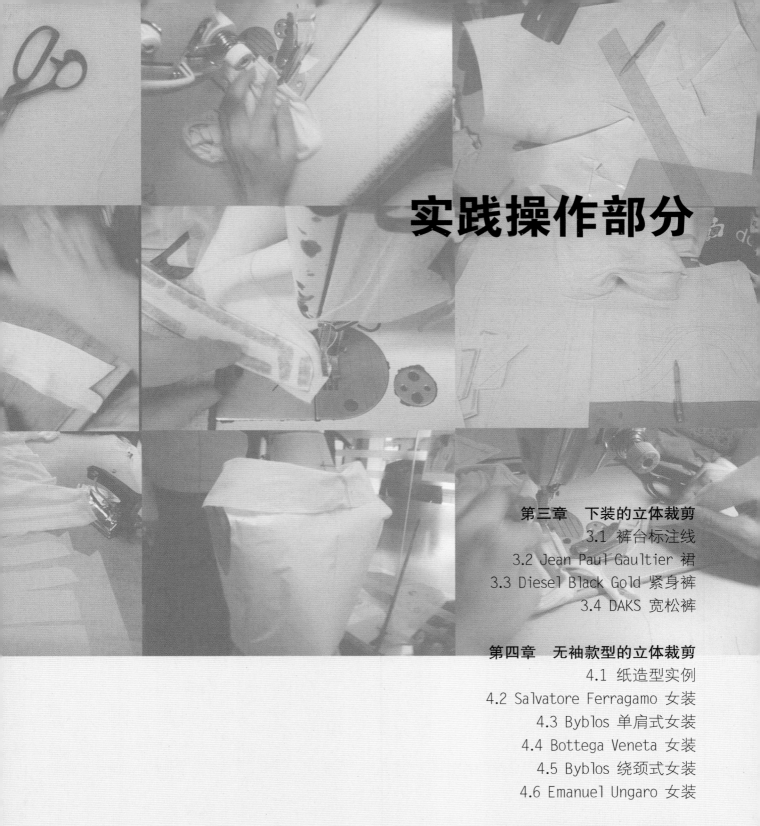

实践操作部分

第三章　下装的立体裁剪

3.1　裤台标注线

3.2　Jean Paul Gaultier 裙

3.3　Diesel Black Gold 紧身裤

3.4　DAKS 宽松裤

第四章　无袖款型的立体裁剪

4.1　纸造型实例

4.2　Salvatore Ferragamo 女装

4.3　Byblos 单肩式女装

4.4　Bottega Veneta 女装

4.5　Byblos 绕颈式女装

4.6　Emanuel Ungaro 女装

第五章　有袖款型的立体裁剪

5.1　Giorgio Armani 女装

5.2　Andrew Gn 女装

5.3　Amanda Wakeley 女装

5.4　Christian Dior 双层式外套

5.5　Max Mara 女装

第三章　下装的立体裁剪

3.1　裤台标注线

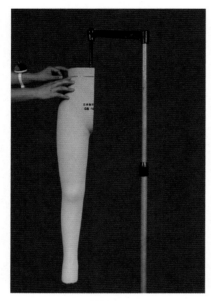

图3-1

（1）准备好160/66A裤台，固定裤台支架，要求摆放平稳，不能产生晃动，确保裤台重心垂直地面。目测腰围最细处，在此处从前向后贴腰围线，要求线条与地面平行。注意目测所有标注线要求退后距离为150cm左右，以水平观测为准（图3-1）。

（2）从腰围线垂直向下量27cm为横裆线，从前至后贴横裆线，要求与腰围线平行且顺直自然（图3-2、图3-3）。

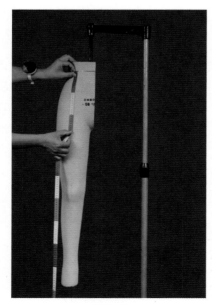

图3-2

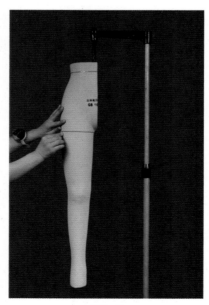

图3-3

（3）从腰围线垂直向下量18cm为臀围线，平行于腰围线并从前至后贴臀围线，目测腰围线、臀围线、横裆线是否平行，然后用大头针微调标注线，要求顺直、自然（图3-4~图3-8）。

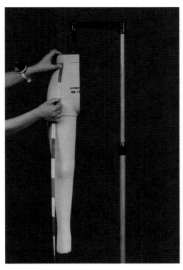
图3-4

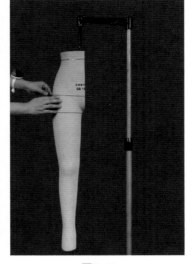
图3-5

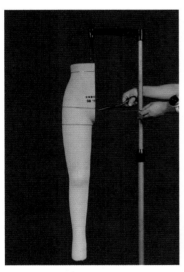
图3-6

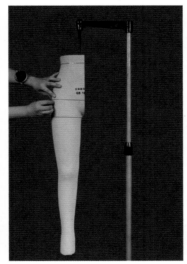
图3-7

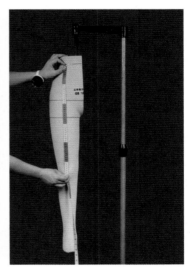
图3-8

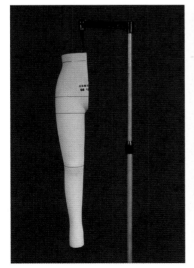
图3-9

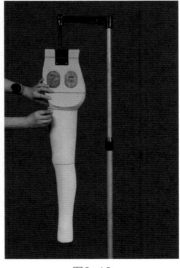
图3-10

（4）从腰围线垂直向下量57cm为中裆线，平行于腰围线并与地面水平，从前至后贴中裆线（图3-9、图3-10）。

（5）用铅锤沿裤台前内缝向前偏1.2cm垂直左右放下，并用大头针做标记，沿标记点贴裤内缝线（图3-11、图3-12）。

（6）用皮尺测半臀围1/2处并向前1cm为裤外侧缝，用铅锤沿标记点做裤外侧缝，沿标记点贴外侧缝标注线（图3-13~图3-15）。

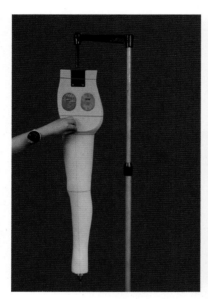
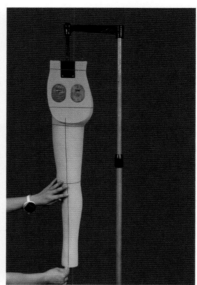

图3-11   图3-12

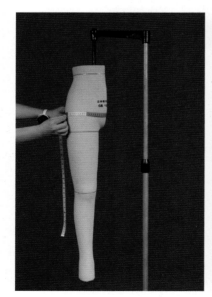
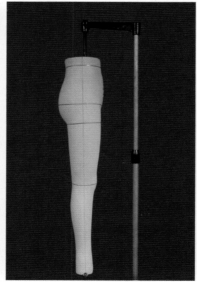
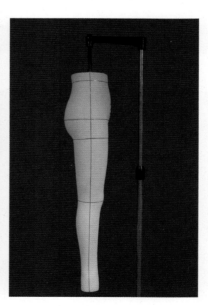

图3-13   图3-14   图3-15

（7）从裤台前中沿臀围线向中9.5cm做标记点，用铅锤沿标记点垂直向下做裤前中线，经过前中裆线1/2点（图3-16~图3-20）。

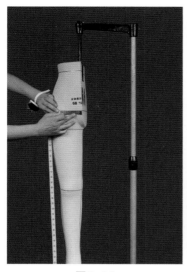

图3-16

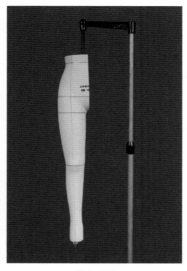

图3-17

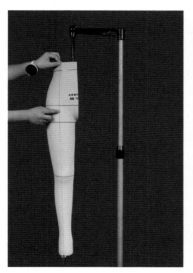

图3-18

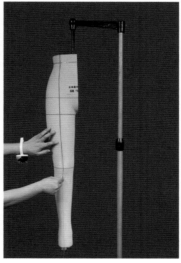

图3-19

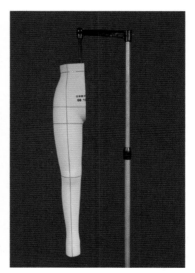

图3-20

（8）用铅锤从后腰垂直向下，经过后中裆线1/2处用大头针做标记，沿标记点做后片中线（图3-21、图3-22）。

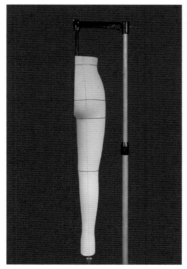

图3-21

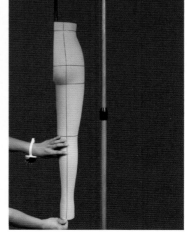

图3-22

3.2　Jean Paul Gaultier 裙

图3-23

　　此款（图3-23）为法国品牌Jean Paul Gaultier 2014春夏时装秀作品，Jean Paul Gaultier的设计大胆狂放，钟情于独特的造型，向外膨出的大口袋夸张俏皮。制作方法如下：

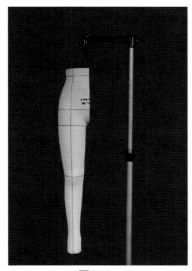

图3-24

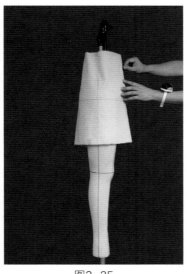

图3-25

（1）取白坯布一块并找出纱向线，做里层短裤。对准裤台外侧缝线、臀围线处将面料在自然状态下摆平，用大头针依次固定臀围线至腰围线的面料，每处各两针，然后固定前中位置（图3-24、图3-25）。

（2）在自然状态下，用大头针固定裤子后片臀围线至腰口线之间的面料。摆平前裆位置，用大头针固定前裆至大腿的面料，注意不要产生"猫须"（图3-26~图3-28）。

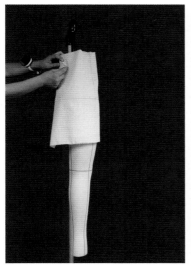

图3-26

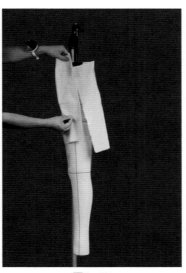

图3-27

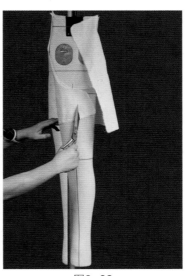

图3-28

（3）裤后裆位置用剪刀打剪口，使后片裆下更加符合人体造型，稍拨开后用大头针将裤子后片的内侧缝与前片内侧缝盖叠固定在一起，修剪多余裤长（图3-29、图3-30）。

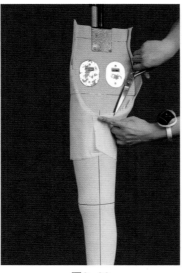

图3-29

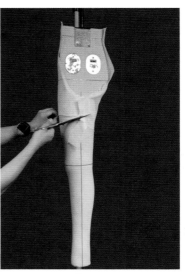

图3-30

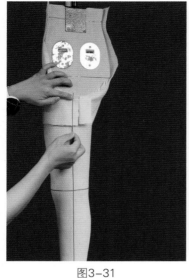

图3-31

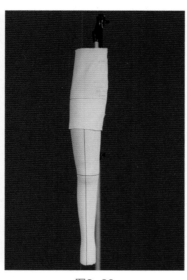

图3-32

（4）掀起后裆，沿裤台内侧缝标注线位置贴裤内缝线。再次用后片内侧缝盖叠前内缝，转动裤台至正面，退后150cm左右观察，调整裤造型（图3-31、图3-32）。

（5）依次抓合前后腰多余省量，用剪刀修剪多余缝份，用标注线贴低腰位置造型（图3-33~图3-35）。

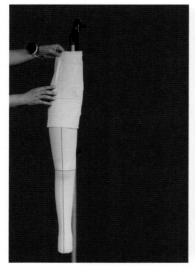

图3-33

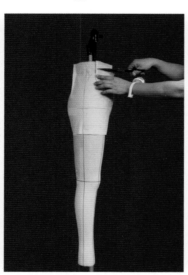

图3-34

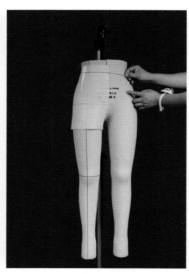

图3-35

（6）用标注线贴出裙造型标记，修剪调整各部位多余量（图3-36、图3-37）。

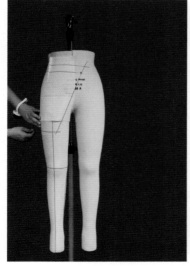

图3-36

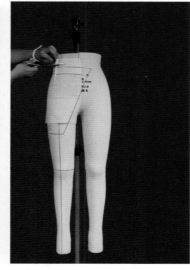

图3-37

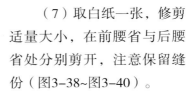

（7）取白纸一张，修剪适量大小，在前腰省与后腰省处分别剪开，注意保留缝份（图3-38~图3-40）。

（8）抓合裙前腰口与裤前后腰省位置并用大头针固定在一起，同样抓合裙后腰口与裤后腰省用大头针固定在一起，修剪多余量。用标注线贴出裙造型（图3-41、图3-42）。

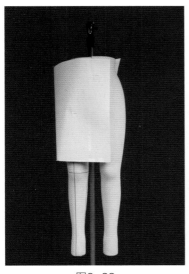

图3-38

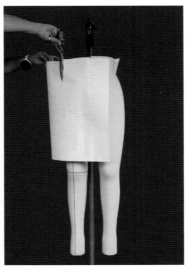

图3-39

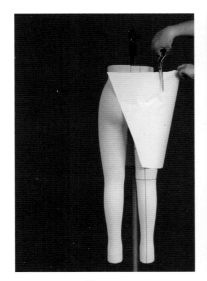

图3-40

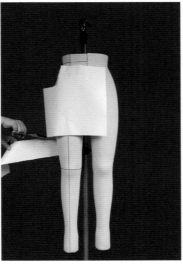

图3-41

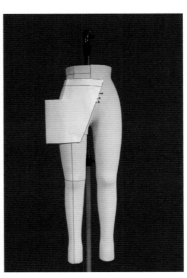

图3-42

（9）再次确认并调整整体造型，完成作品后侧面与后面造型（图3-43、图3-44）。

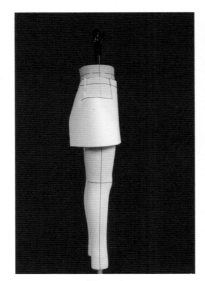

图3-43

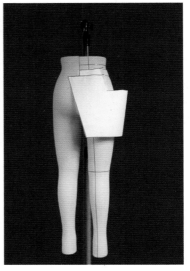

图3-44

3.3　Diesel Black Gold 紧身裤

图3-45

　　此款（图3-45）为意大利品牌Diesel Black Gold 2014年春夏时装秀上的作品，白色夹克衫搭配梭织印花低腰修身收脚长裤，即Slammer裤型。紧身裤型很适合腿部线条优美的人穿着，加上黑白印花，更显时尚动感、活力十足。

图3-46

（1）取一块类似成衣面料特性的布料并找出纱向线，对准裤台前中线，臀围线在自然状态下放平，用大头针从上向下固定在裤台上（图3-46）。

（2）摆平面料至自然悬垂状态，用大头针在裤台上从腰围线向下到中裆下固定，先固定外侧缝，再固定内侧缝。用手抓取腰部从前中线向外侧缝的多余量，用大头针从上向下抓合省位（图3-47~图3-49）。

（3）剪去前片内侧缝和外侧缝的多余量，注意留出缝份，不要修剪太多。沿裤台外侧缝线用标注线贴出外侧缝，修剪多余量，要保持1.2cm左右缝份（图3-50~图3-52）。

图3-47

图3-48

图3-49

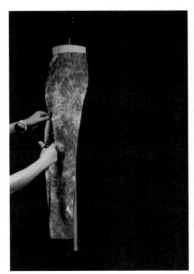

图3-50

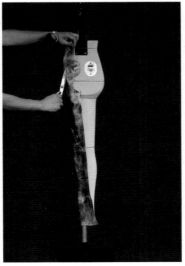

图3-51

图3-52

（4）沿裤台内侧缝线用标注线贴出裤内侧缝，修剪多余量，要保持1.2cm左右缝份（图3-53）。

（5）同样取一块类似成衣面料特性的布料并找出纱向线，对准裤台后中线，摆正纱向，分别从上到下用别针固定外侧缝和内侧缝，注意后臀部造型曲线自然，并保持适当松量，修剪多余量（图3-54～图3-57）。

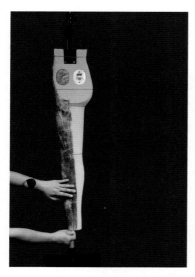

图3-53

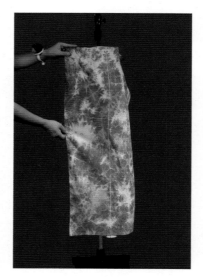

图3-54

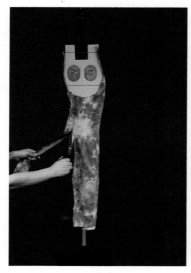

图3-55

图3-56

图3-57

（6）再次调整后片臀部以下的造型，调整好后用大头针固定，依次固定前片和后片的内侧缝，沿前内侧缝贴标线，同样方法沿前外侧缝贴标线，依次用大头针从上到下固定前、后外侧缝，修剪多余量，要保持1.2cm左右缝份。抓合后腰中间多余量，收省（图3-58～图3-60）。

（7）由前腰至后腰用标注线贴出低腰位置，用剪刀修剪标注线以上多余量，注意保持1.2cm左右缝份（图3-61～图3-63）。

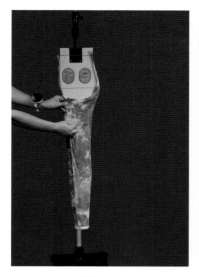
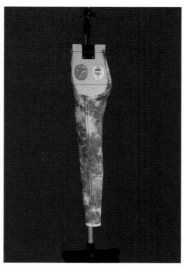

图3-58　　　　　　图3-59

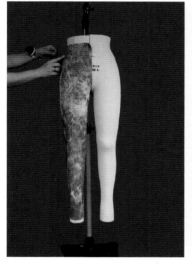
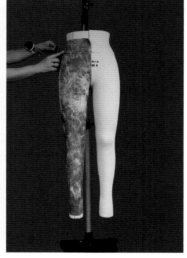

图3-60　　　　　　图3-61

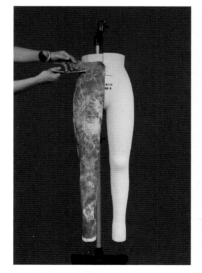
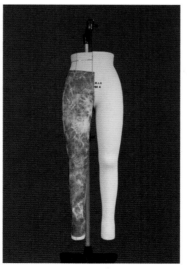

图3-62　　　　　　图3-63

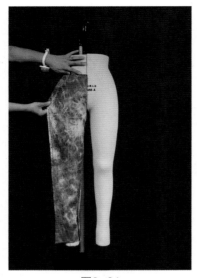

图3-64

（8）从裤台上取下裤前、后片，修剪并调整结构线，做对位点标记。用大头针组装裤前、后片，注意对位标记（图3-64～图3-67）。

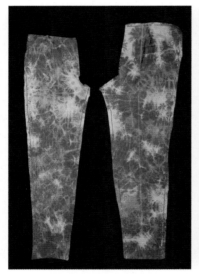

图3-65

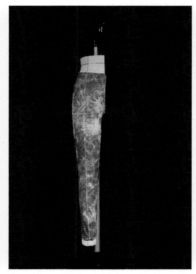

图3-66

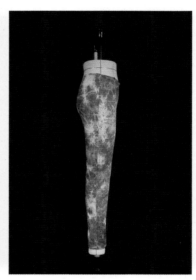

图3-67

（9）做前、后裤袢，用大头针固定在腰部，检查整体裤造型并做出适当调整，完成裤子的立体造型（图3-68）。

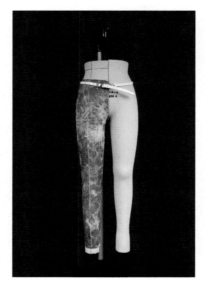

图3-68

3.4 DAKS 宽松裤

图3-69

　　此款（图3-69）为英国经典奢侈品牌DAKS2014伦敦春夏时装秀作品，以优雅稳重见长的DAKS非常注重面料质地和板型，白色衬衫配淡粉色A型立体裁剪宽脚裤，落落大方，柔中带刚。制作方法如下：

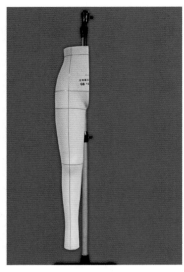

图3-70

（1）取一块类似成衣面料特性的布料并找出纱向线，对准裤台前中线，将面料用大头针从腰围线至臀围线固定在裤台上，注意腰口不要有多余量（图3-70）。

（2）让面料在自然状态下悬垂，做出均匀的松量，依次从裤外侧到内侧缝由上至下用大头针固定在裤台上，做出"A"型效果，修剪内外侧多余量，要保持1.2cm左右缝份（图3-71～图3-73）。

（3）同样取一块面料并找出纱向线，对准裤台后中线，用大头针固定后内侧缝裆上部，修剪多余量，保留稍多缝份，方便后面调整（图3-74～图3-76）。

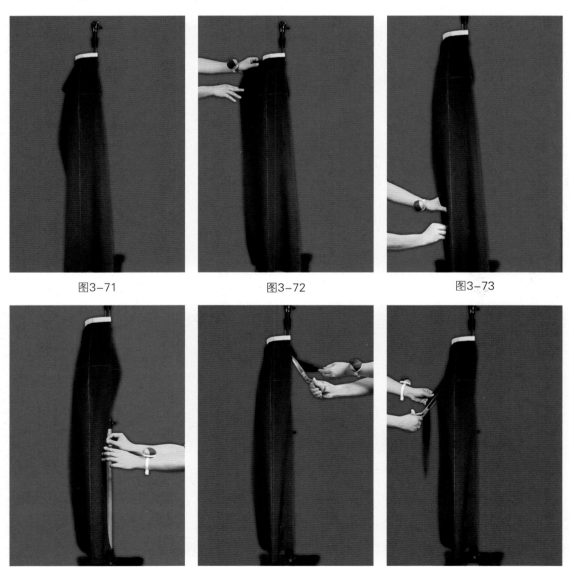

| 图3-71 | 图3-72 | 图3-73 |

| 图3-74 | 图3-75 | 图3-76 |

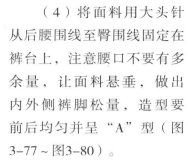

（4）将面料用大头针从后腰围线至臀围线固定在裤台上，注意腰口不要有多余量，让面料悬垂，做出内外侧裤脚松量，造型要前后均匀并呈"A"型（图3-77~图3-80）。

（5）沿裤台外侧缝标注线，先从臀部向下抓合前后裤片，再沿裤台外侧缝标注线向下抓合前后腰部以下至臀围处。用剪刀修剪外侧缝多余量，注意要保留1.2cm左右缝份（图3-81~图3-83）。

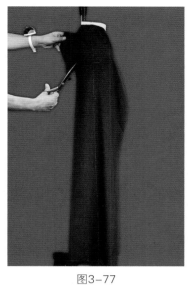
图3-77

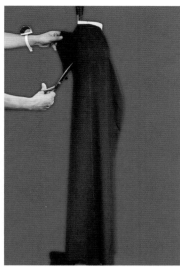
图3-78

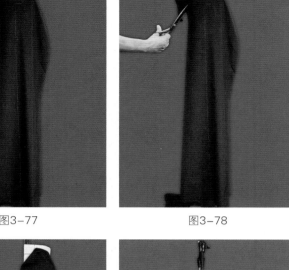

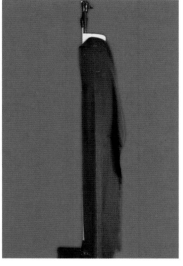

图3-79

图3-80

图3-81

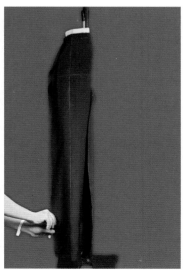
图3-82

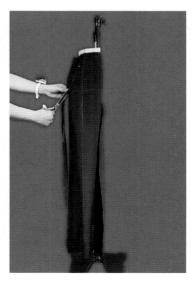
图3-83

（6）沿裤台内侧缝标注线，先从中裆向下抓合前后裤片，再沿裤台内侧缝标注线向下抓合前后片裆部以下至中裆位置，用剪刀修剪内侧缝多余量、前后腰口上多余量，注意要保持1.2cm左右缝份（图3-84、图3-85）。

（7）安装另一半裤台，从前腰至后腰用标注线贴出低腰腰口造型线，用剪刀修剪腰口多余量（图3-86～图3-88）。

图3-84

图3-85

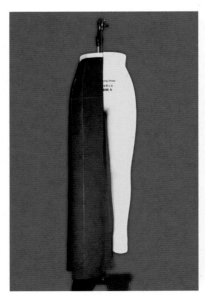
图3-86

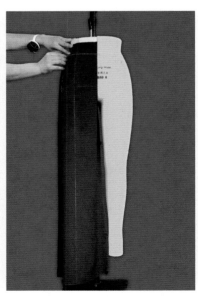
图3-87

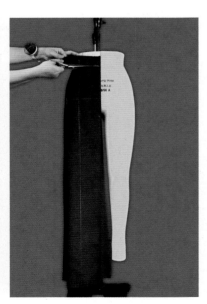
图3-88

（8）将腰头用大头针固定在裤前后片上，用画粉画出前片口袋位，在腰头上用大头针固定裤裆，调整并修剪不完美的部分（图3-89～图3-91）。

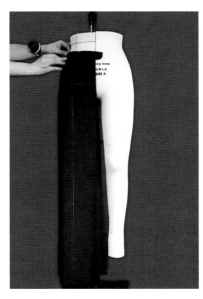
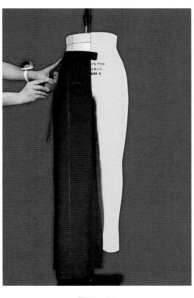

| 图3-89 | 图3-90 | 图3-91 |

（9）退后150cm左右，平视并调整裤完成侧面造型和前面造型效果（图3-92、图3-93）。

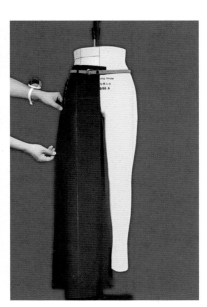

图3-92　　　　　　　　　　图3-93

第四章　无袖款型的立体裁剪

　　本章在前文的基础上进行款式实例讲解，介绍白坯布、针织面料、实物面料的变化运用以及内外层的立体裁剪操作过程，对立体裁剪进行进一步的探讨。本章的介绍减少了对基本插针操作的详细讲解，而是进入对服装造型的把握与结构认识阶段。

4.1　纸造型实例

图4-1

　　此款（图4-1）胸部与腿部收紧，腰部突出，整件服装呈菱形造型，下摆燕尾形明显。

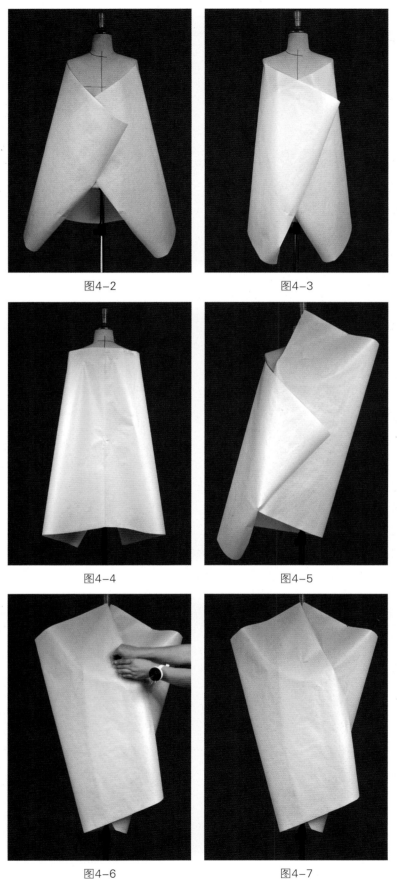

图4-2

图4-3

图4-4

图4-5

图4-6

图4-7

（1）取长度适当的白纸一张，在人台上将纸分别在后中心线、肩两侧线上固定好（图4-2～图4-4）。从后片开始向前片做。

（2）由下往上收小下摆量，分别依次用针固定左右两片于人台上（图4-5～图4-7）。

（3）修剪左右片前中、下摆的多余量，不要一次修剪太多以便于调整。注意左右重叠量应合适。剪出胸上两侧的大致轮廓并修剪胸上造型（图4-8～图4-11）

（4）抓合腋下两侧的前后片并用针固定，注意要呈放射状以突出腰部造型。修剪多余量（图4-12～图4-14）。

图4-8

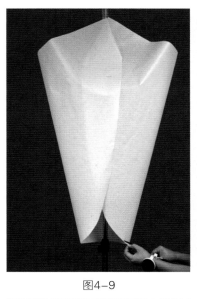

图4-9

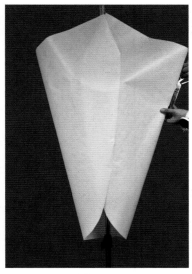

图4-10

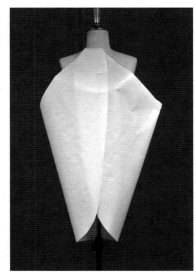

图4-11

图4-12

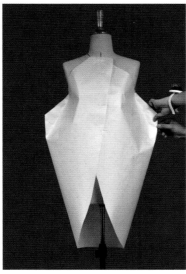

图4-13

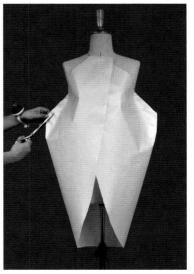

图4-14

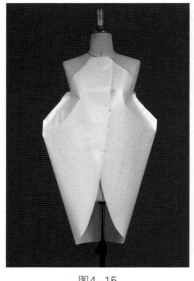

（5）重新查看前后整体造型是否合适，并做适当调整（图4-15、图4-16）。

（6）在人台上用笔依序做胸围线、后中线、前中线等的标记（图4-17~图4-19）。

图4-15　　　　　　　　　图4-16

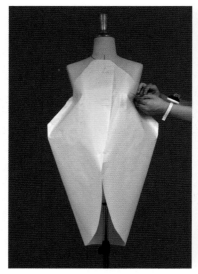

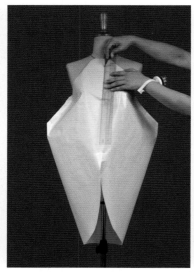

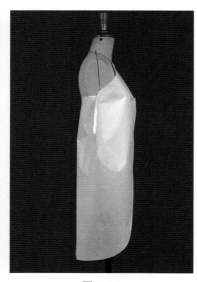

图4-17　　　　　　　　图4-18　　　　　　　图4-19

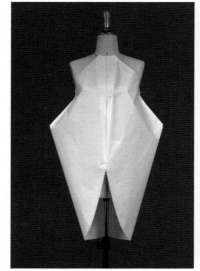

（7）取下立体纸样并在桌面上整理，调整后重新用大头针固定到人台上，观察服装前后立体造型（图4-20、图4-21）。将结果转成工业用纸样。

图4-20　　　　　　　　　图4-21

4.2　Salvatore Ferragamo 女装

图4-22

　　此款（图4-22）为Salvatore Ferragamo的秋冬作品。腰部交叉的褶皱设计为本款
设计的亮点。

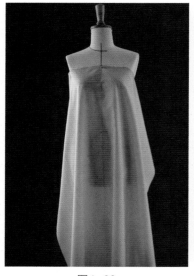

图4-23

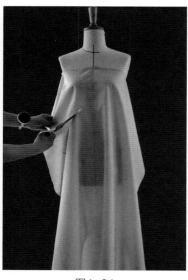

图4-24

（1）取白坯布一块，整理纱向。对准人台前中心线并固定胸上两侧，注意白坯布长度要稍长一些以方便调整（图4-23）。

（2）沿右侧下方向左前胸方向剪开，剪得不能太长。收右胸省并将剪出的上半片折一小褶由下向该胸省方向盖叠，将折藏的胸省下端沿右腰下至左前胸方向剪开（图4-24、图4-25）。

图4-25

（3）将剪出的下半片拉起，整理平整自然收去左下多余量成为倒向前中的褶，并修剪多余量。右下收相对称的褶，并修剪多余量（图4-26~图4-29）。

图4-26

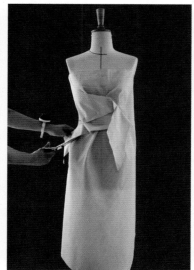
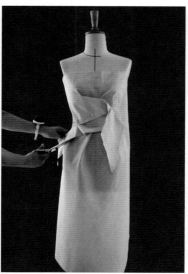

图4-27

图4-28

图4-29

（4）用褪色笔画出分割
线位置，然后修剪多余量，注
意褶的造型，然后以上（小）
片覆盖下（大）片，用大头
针盖叠固定（图4-30、图
4-31）。

（5）取适当长度的白坯
布一块，整理纱向，对准人台
后中心线在胸围线上两侧，将
其固定。沿侧缝标注线抓合前
后片，修剪侧缝多余量，收后
片腰省（图4-32～图4-35）。

图4-30

图4-31

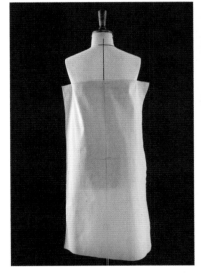

图4-32

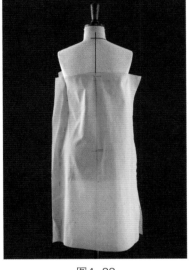

图4-33

图4-34

图4-35

（6）调整整体造型，沿胸腰部褶状造型画出成衣结果实样线。用剪刀修剪多余量，得出完整服装造型（图4-36～图4-39）。将结果转化成纸样。

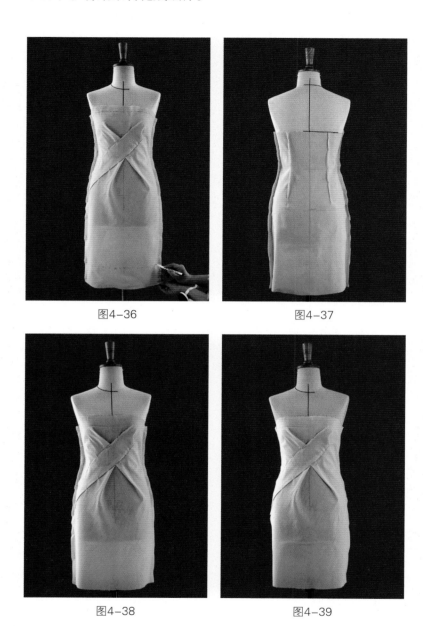

图4-36　　　　　　　　　图4-37

图4-38　　　　　　　　　图4-39

4.3 Byblos 单肩式女装

(a)

(b)

图4-40

　　此款（图4-40）为Byblos 2010年春夏作品。几何拼接展现时尚与现代艺术的完美结合，活泼、变化的色彩创造出强烈的自我风格，流行而富有活力。

　　由于白坯布与白纸本身的特点决定了其在立体裁剪过程中悬垂效果不能很好体现出来，无法替代弹力布料，所以应该用与该款式面料性质相近的针织布料来做立体裁剪，以解决这一实际问题，比较直观地看到成品造型效果。从本节开始，各款式会运用与原服装近似的材料进行实例操作。

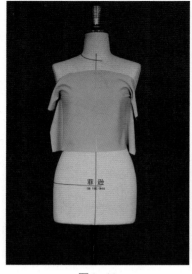

图4-41

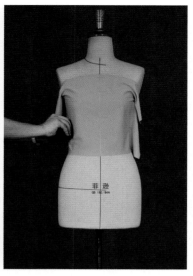

图4-42

（1）取大小适当的面料一块，整理纱向。将其对准人台前中心线并分别在两侧由上向下固定在人台上，修剪多余量（图4-41～图4-43）。

（2）用标注线标出前片右胸上款式，修剪左侧多余量并用大头针固定（图4-44、图4-45）。

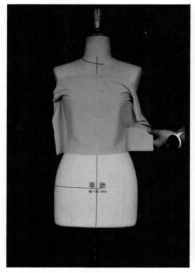

图4-43

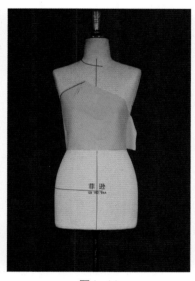

图4-44

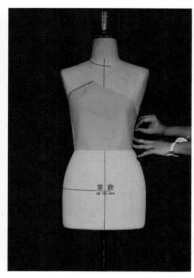

图4-45

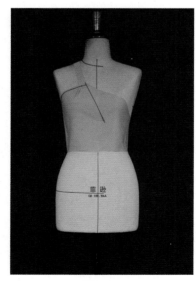

图4-46

（3）将前右肩带固定在肩上（图4-46）。

（4）取同样直纱布料一块。在右胸下与前片的侧缝固定，沿肩带位置连接至后背，注意肩部自然收褶及褶量（图4-47）。

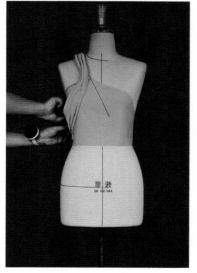

图4-47

（5）另取同样直纱布料一块。在右胸下与前片的侧缝固定，沿肩带位置连接至后背，与前一块布料交叉编织出肩部造型（图4-48～图4-50）。

（6）取同样面料一块并整理纱向，做前下片，在两侧分别收自然皱褶（图4-51～图4-54）。

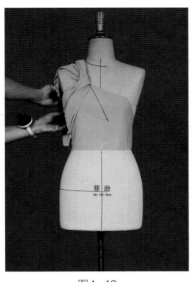
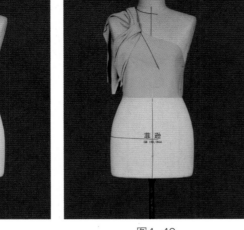

图4-48　　　　　　　　　　　图4-49

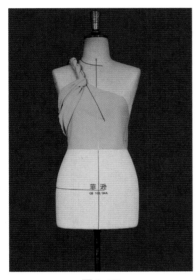

图4-50

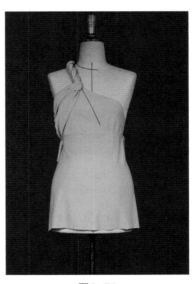

图4-51

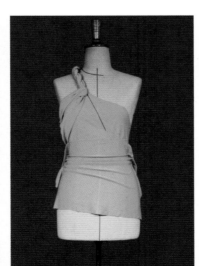
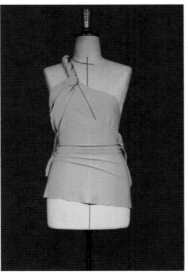
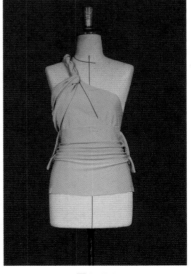

图4-52　　　　　　　　图4-53　　　　　　　　图4-54

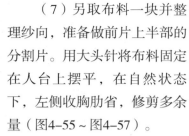

（7）另取布料一块并整理纱向，准备做前片上半部的分割片。用大头针将布料固定在人台上摆平，在自然状态下，左侧收胸肋省，修剪多余量（图4-55~图4-57）。

（8）贴出分割线位置，修剪多余量。整理前片，修剪两侧多余量，完成前片造型（图4-58~图4-61）。

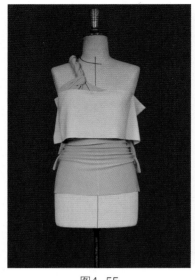

图4-55

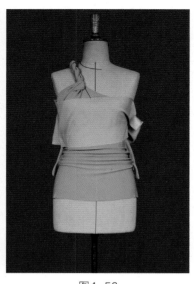

图4-56

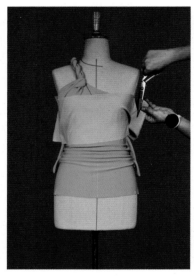

图4-57

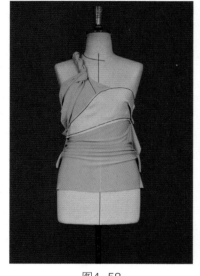

图4-58

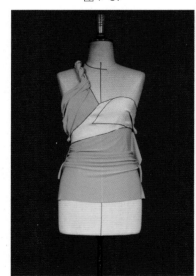

图4-59

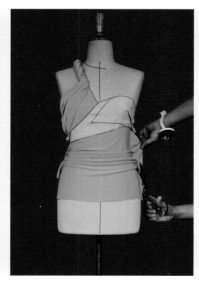

图4-60

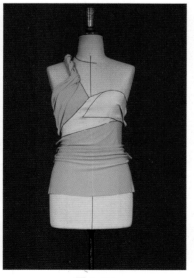

图4-61

（9）另取面料一块，整理纱向，对准人台后中心线，分别收紧腰上两侧。腰部以下，两侧依次收皱褶，修剪多余量（图4-62～图4-66）。

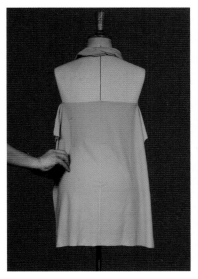

图4-62

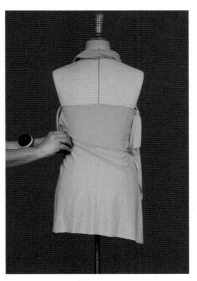

图4-63

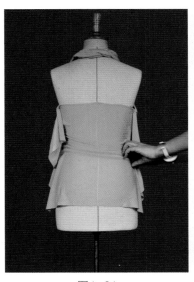

图4-64

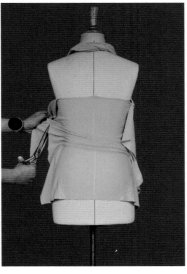

图4-65

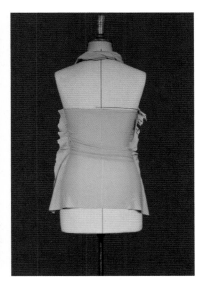

图4-66

（10）沿人台侧缝标注线抓合前后侧片，修剪多余量。注意收紧腰部，修剪多余长度（图4-67、图4-68）。

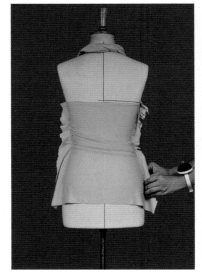

图4-67

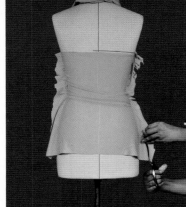

图4-68

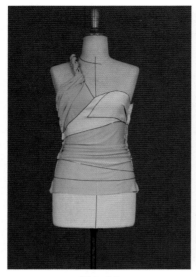

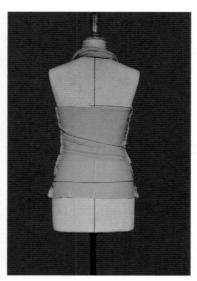

（11）分别做前片、后片下摆分割线，修剪各部位多余量（图4-69～图4-71）。

（12）取斜料一块固定于前胸下分割位置，收自然褶，并顺势收至后片，于后分割线位置固定，修剪多余量（图4-72～图4-75）。

图4-69 图4-70

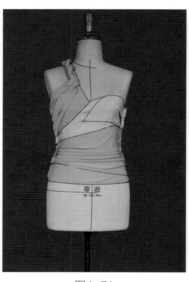

图4-71 图4-72

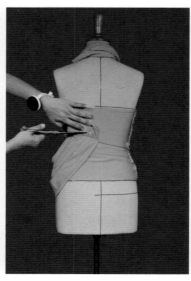

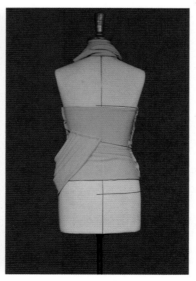

图4-73 图4-74 图4-75

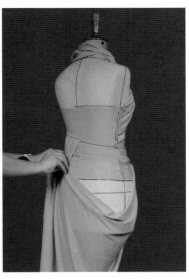

（13）同样取斜料一块固定于前下分割位置并收褶，自然顺势收至后片（图4-76~图4-78）。

（14）固定成自然褶皱与后第一条斜料固定，整理造型，修剪多余量（图4-79、图4-80）。

图4-76　　　　　　　　　图4-77

图4-78　　　　　　　　图4-79　　　　　　　　图4-80

（15）整理前片肩部的打结带子，将其在后中固定。完成前后造型，并做部分调整（图4-81、图4-82）。将结果转成工业纸样。

图4-81　　　　　　　　图4-82

4.4　Bottega Veneta 女装

图4-83

　　此款（图4-83）为意大利奢侈品牌Bottega Veneta 2014春夏系列中的作品。不对称的褶皱牵引视线从左肩头经过"Z"型曲线折转到衣服后面，然后褶皱又从右边裙摆飘出，整条褶皱路线看似随意却流畅平衡，每个线条都经过精心设计和摆放，立体裁剪将这些褶裥安排出随意又恰到好处的视觉效果。

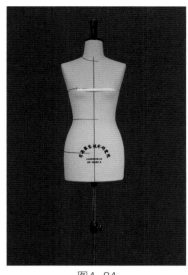

（1）取一块类似成衣面料特性的布料并找到纱向线，对准人台前中心线，依次从上至下固定前中心线、胸围线上两侧、臀围线上两侧（图4-84、图4-85）。

（2）修剪右前片袖窿多余量，将胸省转至左边袖窿位置，修剪多余量（图4-86）。

（3）修剪领口，左袖窿与侧面多余量，收去胸省多余量（图4-87、图4-88）。

（4）取一块类似成衣面料特性的布料并找到纱向线，对准人台后中心线，依次从上至下固定后中心线、后背宽、胸围线上两侧、臀围线上两侧，修剪两侧、袖窿与领口多余量（图4-89、图4-90）。

图4-84

图4-85

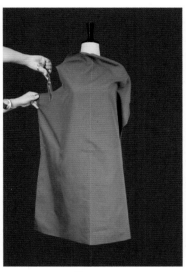

图4-86

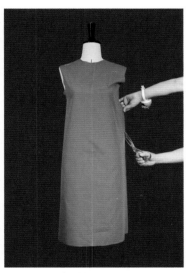

图4-87

图4-88

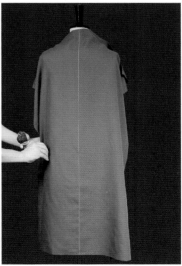

图4-89

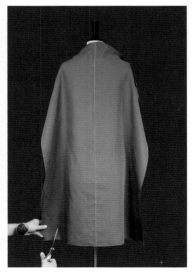

图4-90

（5）沿人台侧面标注线，抓合前后片侧缝，修剪多余量（图4-91~图4-94）。

（6）作出右下插角位置标记，修剪前片量，使前片插角位置呈现偏前的视觉效果（图4-95）。

（7）取45度斜纱面料一块，插入标记点以下位置，修剪多余长度（图4-96~图4-98）。

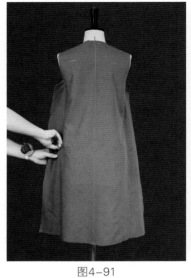

图4-91

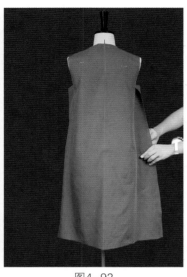

图4-92

图4-93

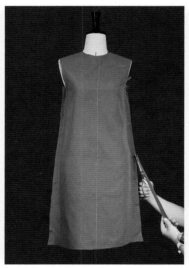

图4-94

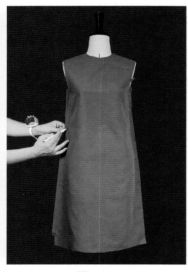

图4-95

图4-96

图4-97

图4-98

图4-99

（8）调整整体造型，用褪色笔画出袖窿造型，修剪多余量（图4-99～图4-101）。

（9）完成前片衣身造型。取45度斜纱面料一块，沿肩部过前领口中心位置向下至腰部，转折至左前侧臀围处固定（图4-102～图4-104）。

（10）同样取45度斜纱面料一块，掀开上面第一块斜条，沿肩部过前领口中心位置向下至腰部（图4-105）。

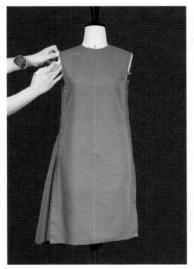

图4-100

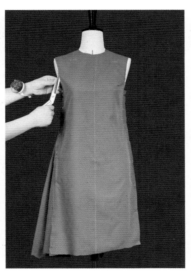

图4-101

图4-102

图4-103

图4-104

图4-105

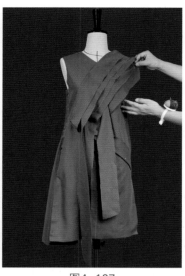

（11）同样取45度斜纱面料三块，掀开上面斜条，沿肩部过前领口中心位置向下至腰部（图4-106、图4-107）。

（12）调整并转折至左前侧用大头针固定所有斜条（图4-108、图4-109）。

（13）掀起右下裙插片，并进行调整至合适效果，完成前后作品造型（图4-110～图4-113）。

图4-106 　　　　　　　图4-107

图4-108

图4-109

图4-110

图4-111

图4-112

图4-113

4.5　Byblos 绕颈式女装

图4-114

　　此款（图4-114）为Byblos 2010年春夏作品。带有褶皱的裁剪、不同质感的拼接，给人一种健康向上、富有活力的感觉。要注意的板型特点是：下胸围的皱褶要结合布料的特点，不能过于主观地认为能够控制皱褶的方向，而是根据面料的垂感制作出皱褶的堆积感，但切勿不小心造成腰身的累赘感，否则会显不出腰身的线条，因此此款适合使用轻薄、垂感较佳的坯布面料进行立体裁剪。

（1）取适量针织布料一块，找出直纱，对准前中线，分别在胸围线、腰围线、臀围线和胸围线两侧将其固定在人台上（图4-115）。

（2）用手拉紧面料，使之无多余、不适松量，用力要均匀，同时分别用大头针固定胸、腰、臀部位并且向两侧推进。剪去多余量（图4-116~图4-119）。

（3）取适量针织布料一块用作后片，找出直纱，对准后中线，分别在胸围线、腰围线、臀围线和两侧将其固定在人台上（图4-120）。

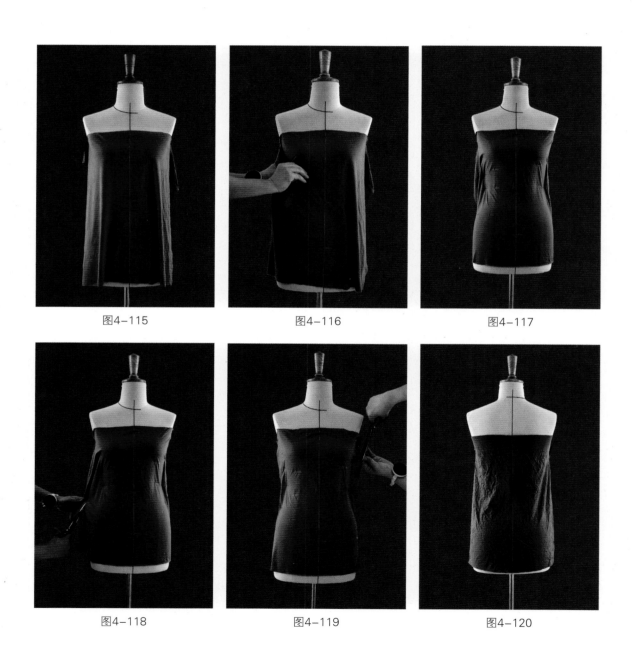

图4-115　　　　　　　　　图4-116　　　　　　　　　图4-117

图4-118　　　　　　　　　图4-119　　　　　　　　　图4-120

（4）同样，用手拉紧面料
至无多余不适松量，用力要均
匀，同时用大头针分别固定胸、
腰、臀部位并且向两侧推进。
剪去多余量，并抓合侧缝（图
4-121～图4-124）。

图4-121

图4-122

图4-123

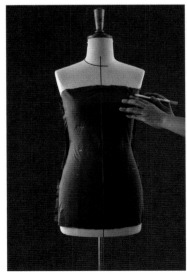

图4-124

（5）用褪色笔画出款式线
位置，修剪多余量。拔出部分大
头针（图4-125、图4-126）。

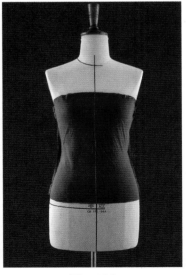

图4-125

图4-126

（6）取45度斜纹针织面料一块，胸上部收自然褶皱，沿胸部固定到后背，注意保持侧面悬垂效果。剪去前后片上部多余量（图4-127～图4-133）。

图4-127

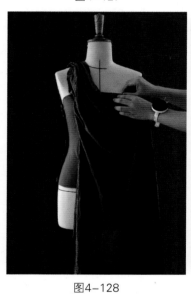

图4-128

图4-129

图4-130

图4-131

图4-132

图4-133

图4-134

图4-135

（7）取45度斜纹针织面料一块，收自然褶皱，从左胸上部开始覆盖前片，沿胸部固定到后背，注意保持侧面悬垂效果。剪去后片上部多余量（图4-134～图4-137）。

图4-136

图4-137

（8）整理并固定前片褶皱，修剪多余量（图4-138～图4-140）。

图4-138

图4-139

图4-140

图4-141

图4-142

（9）取长条面料一块，将其固定在前胸至颈部，使长度合适。修剪前胸多余量（图4-141）。抓合固定前胸部褶皱（图4-142）。

（10）用褪色笔画出款式线，修剪多余量，注意不要一次修剪太多。整理整体造型（图4-143～图4-148）。

图4-143

图4-144

图4-145

图4-146

图4-147

图4-148

图4-149

（11）修剪后片造型，调整不合适的部位，完成作品（图4-149）。

4.6　Emanuel Ungaro 女装

图4-150

此款（图4-150）为Emanuel Ungaro 2010年春夏作品。独特的双层剪裁与肩部造型效果耐人寻味。Ungaro曾经这样说："它（服装）是典礼，它是繁复、杰出、华贵和精致的盛会。"板型设计要注意松紧结合，该松的地方要控制好松量，该收紧的地方要抓好细节，这些都对于体现一个具有精致品质的设计非常关键，这些工作通过立体裁剪操作将更为有效。

图4-151

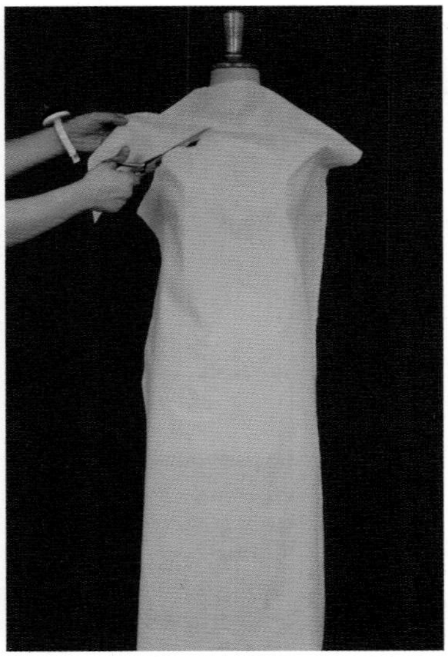

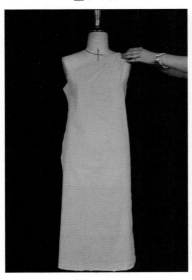

图4-153

（1）取白坯布一块并整理纱向，直丝对准人台前中心线，分别在前中线与两侧将其固定在人台上（图4-151）。

（2）修剪前领多余量，注意一次不要剪太多以方便调整（图4-152）。

图4-152

（3）做出肩部自然褶皱并用大头针固定，褶皱应均匀自然，朝向为胸点方向（图4-153）。完成褶皱（图4-154）。

图4-154

图4-155

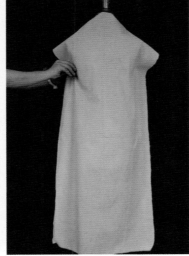

图4-156

（4）另取白坯布一块并整理纱向，直丝对准人台后中心线，分别在后中与两侧将其固定到人台上（图4-155、图4-156）。

（5）修剪两侧、袖窿、后领的多余量（图4-157、图4-158）。

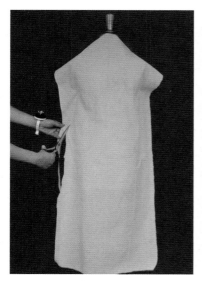
图4-157

图4-158

图4-159

（6）做出后肩部自然褶皱，少量即可。沿侧缝标注线抓合前后侧缝（图4-159）。

（7）依次做前片腰下两侧褶皱，并使之向上倒（图4-160）。

图4-160

图4-161

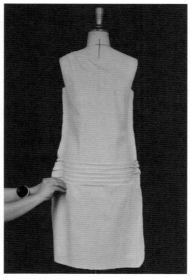
图4-162

（8）继续做两侧褶皱，以褶量均匀、合适为准，并做适当修剪（图4-161）。

（9）按照前片方法做后片两侧褶皱，并使之向上倒（图4-162）。

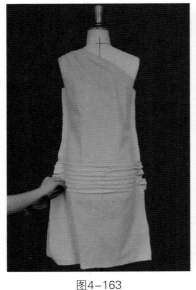

图4-163

图4-164

（10）褶皱位置与量和前片相似，完成后片（图4-163、图4-164）。

（11）修剪后片两侧多余量，修剪各部位多余量，内层造型完成（图4-165、图4-166）。

（12）另取白坯布一块并整理纱向，直丝对准人台前中心线，分别在前中心线与两侧将其固定在人台上，开始做外层（图4-167）。

图4-165

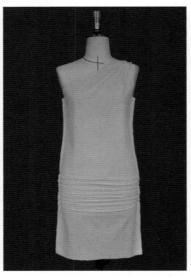

图4-166

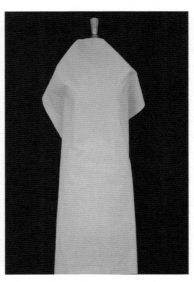

图4-167

（13）剪去前领多余量（图4-168）。

（14）做出肩部自然褶皱，修剪多余量（图4-169）。

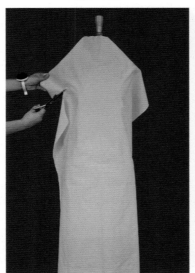

图4-168

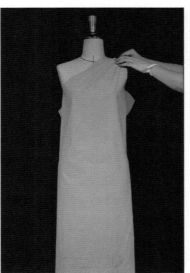

图4-169

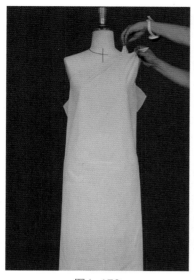

图4-170

图4-171

（15）分别抓合前片胸部内外两层，使之在肩部交叠并越过肩线固定（图4-170、图4-171）。

（16）顺左肩下层褶皱方向做自然褶皱，直至右下腰（图4-172）。

（17）在左胸下做自然褶皱，顺至右下方并用大头针固定。注意褶的先后顺序与褶量的平衡（图4-173）。

（18）用标注线贴款式分割线位置。加缝份后，用剪刀沿线剪开，至标注线止口（图4-174、图4-175）。

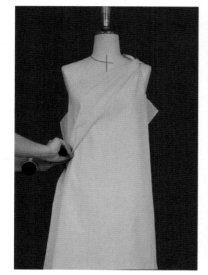

图4-172

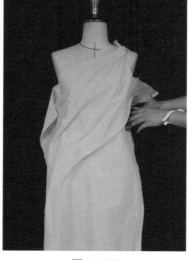

图4-173

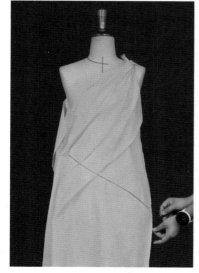

图4-174

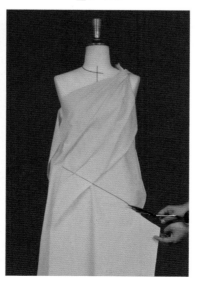

图4-175

图4-176

（19）掀开前外层，向上翻转至肩部，修剪多余量，然后用大头针叠合缝位（图4-176）。

（20）修剪前片外层部分多余量，然后将其盖叠固定在内层上（图4-177、图4-178）。

（21）由前左肩至右下腰整理褶纹并往左下方向做褶，用针固定，注意先后顺序与褶量的平衡。要边做边调整（图4-179）。

（22）用剪刀修剪前片右下侧的多余量（图4-180）。

（23）修剪外层多余量，调整各部位褶量直到合适（图4-181、图4-182）。

图4-177

图4-178

图4-179

图4-180

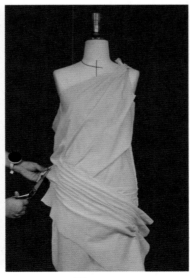

图4-181

图4-182

图4-183

（24）另取直纱向白坯布一块，由左前腰至右下摆方向做自然褶皱，固定在前片上（图4-183）。

（25）调整褶量，然后修剪多余量（图4-184）。

（26）完成前片（图4-185）。

（27）另取直纱向白坯布一块，由左后腰至右下摆方向做自然褶皱，固定在后片上（图4-186）。

（28）抓合肩部前后片。修剪后片各部位多余量，完成后片（图4-187、图4-188）。

（29）完成整件服装造型（图4-189）。

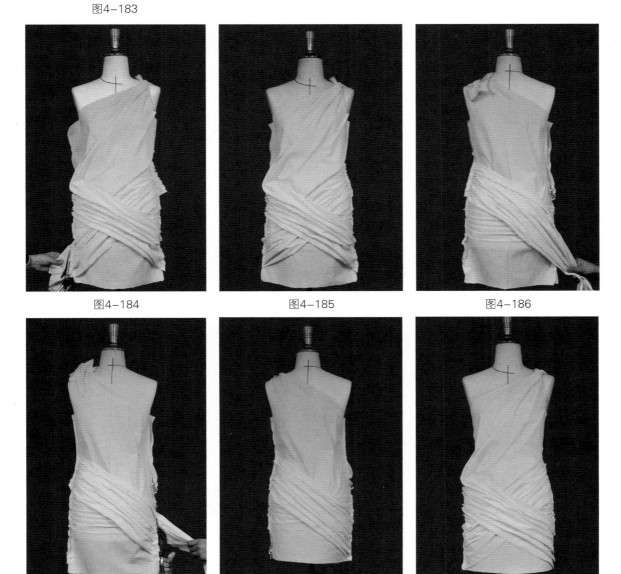

图4-184　　　　　　图4-185　　　　　　图4-186

图4-187　　　　　　图4-188　　　　　　图4-189

第五章　有袖款型的立体裁剪

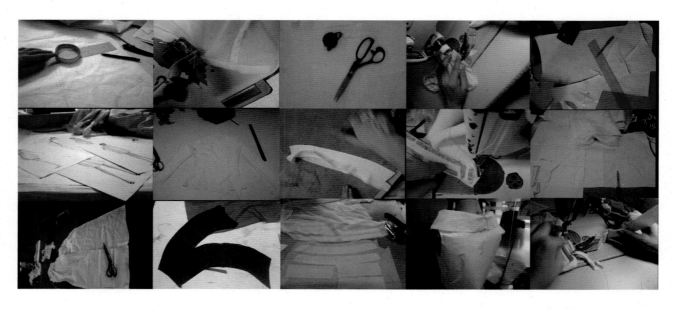

　　对比前面两章节，本章更加深入、更加综合地讲解外套、大衣等的立裁操作以及各种袖型的详细立裁处理过程，真正意义上完成包括衣身、领和袖的整件立裁作品。部分款式配有纸样完成结构图以及工业纸样，以便于进一步让读者学习与了解成衣立裁的步骤要点。

5.1 Giorgio Armani 女装

图5-1

　　此款（图5-1）为Giorgio Armani 2010年春夏作品。使用双排扣圆下摆造型以及复古的垫肩设计，线条明晰，剪裁贴身，是古典元素和现代元素完美结合的优雅而永不褪色的设计。

　　从板型来看，Armani女装的特点是在女性线条的基础上融入了一些男装风格，因此该品牌女装被誉为现代中性女装设计的典范。在板型设计过程中，应该注意通过把握面料特性，尝试以方求圆，运用相对直而非弧形的造型分割线条，去制作女性腰型。这样的板型需要结合工艺处理，使制作出的成品造型达到某种程度上的刚柔并蓄的效果，这正是Armani女装板型的鲜明特点。比起同为意大利顶级品牌的Versace明快奔放带有强烈西西里风情的风格，Armani女装的风格更趋理性，其面料和板型结构结合得非常合理，通过运用立体裁剪去实现更为有效。

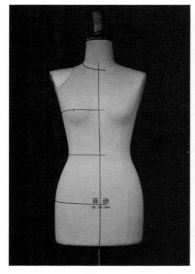

图5-2

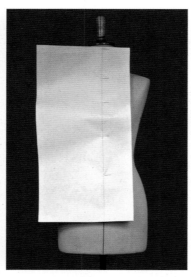

图5-3

（1）根据款式需要在人台上先加薄垫肩（图5-2）。

（2）取一张白纸，在纸上用铅笔标出前中心线，距纸边10cm左右。将白纸前中心线对准人台前中心线，依次固定前领窝、腰围线、胸围线上部、胸围线下部（图5-3）。

（3）修剪领圈多余量，修剪肩部多余量（图5-4）。

（4）修剪前片多余量、袖窿多余量。用标注线贴出前分割线造型，修剪多余量（图5-5、图5-6）。

（5）另取一张白纸，在纸上用铅笔标出后中心线，对准人台后中心线并用针固定（图5-7）。

（6）在纸张自然状态下修剪领圈、肩部以及袖窿多余量，修剪分割线处的多余量（图5-8）。

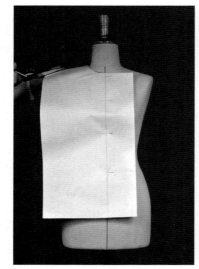

图5-4

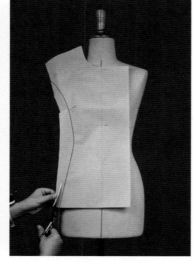

图5-5

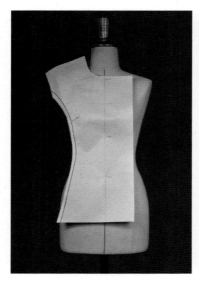

图5-6

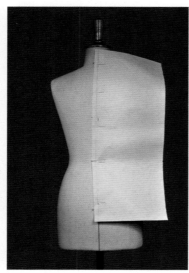

图5-7

图5-8

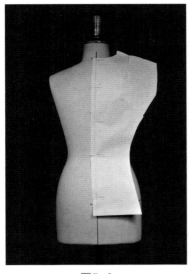

图5-9

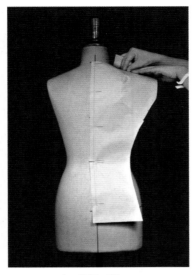

图5-10

（7）用针在背宽中间位置固定，收去肩省量，收去侧片分割线及肩胛骨下的多余量（图5-9、图5-10）。

（8）用笔画出肩缝线，用前片衣身盖叠后片，并用大头针固定，注意针不要插进人台（图5-11、图5-12）。

（9）用标注线贴后分割线造型，修剪多余量（图5-13）。

（10）修剪后的后片（图5-14）。

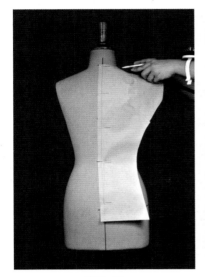

图5-11

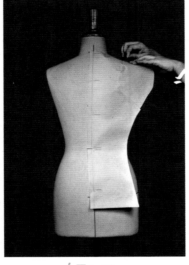

图5-12

图5-13

图5-14

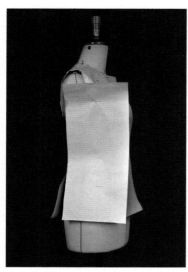

图5-15

（11）另取白纸一张，将其在人台胸围线上、臀围线上固定，做前侧片，修剪多余量（图5-15、图5-16）。

（12）胸围线上盖叠固定、胸围线以下抓合固定，修剪多余量（图5-17、图5-18）。

（13）完成前片（图5-19）。

（14）另取白纸一张，将其在人台胸围线上、臀围线上固定，做后侧片。修剪多余量，胸围线上盖叠固定、胸围线以下抓合固定（图5-20）。

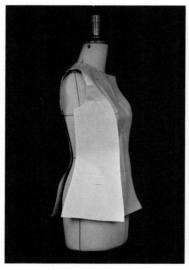

图5-16

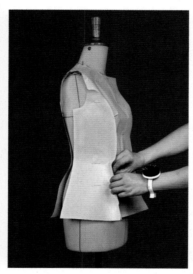

图5-17

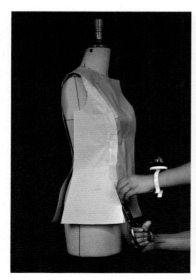

图5-18

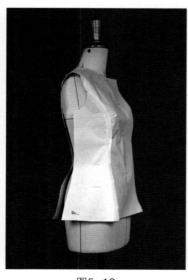

图5-19

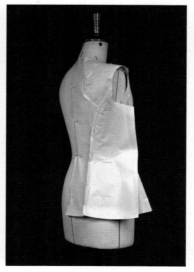

图5-20

（15）修剪侧缝多余量，沿人台标注线抓合固定侧缝（图5-21、图5-22）。

（16）用标注线贴出前后衣身外形实样线（图5-23、图5-24）。

（17）用剪刀修剪多余量（图5-25）。

（18）修剪完成（图5-26）。

（19）做袖窿造型线，注意肩宽要比正常的肩窄（图5-27）。

（20）另取白纸一张做袖片，沿肩缝固定袖片中线（图5-28）。

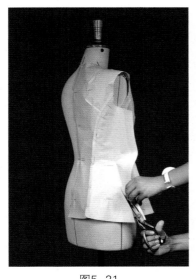

图5-21

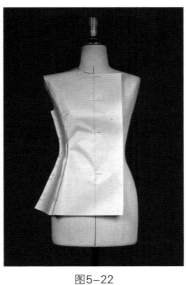

图5-22

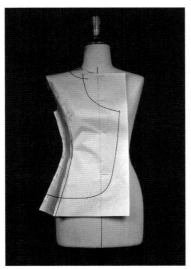

图5-23

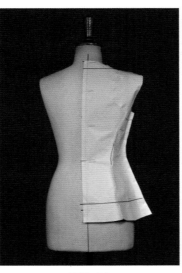

图5-24

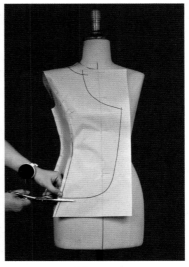

图5-25

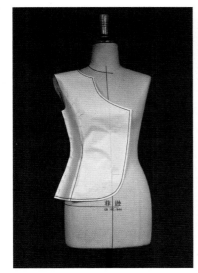

图5-26

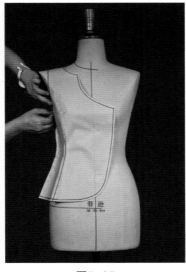

图5-27

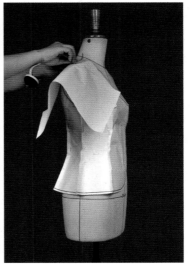

图5-28

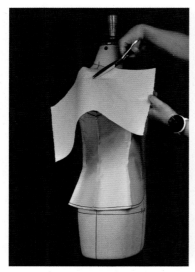

图5-29

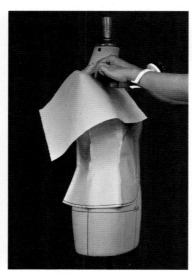

图5-30

（21）用剪刀剪开袖片纸肩缝，从前片由下向上覆盖至肩缝，使袖长纸与肩部贴合。修剪多余量（图5-29、图5-30）。

（22）同样用剪刀剪开袖片纸肩缝，从后片由下向上覆盖至肩缝，使袖片纸与肩部贴合。修剪多余量（图5-31、图5-32）。

（23）调整袖山鼓起的位置，至与肩部位置差不多水平，然后用针固定（图5-33）。

（24）修剪多余量。用大头针将袖片与袖窿固定（图5-34、图5-35）。

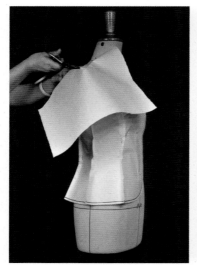

图5-31

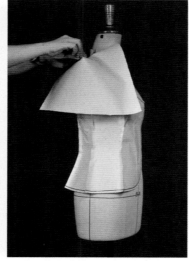

图5-32

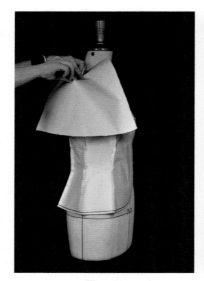

图5-33

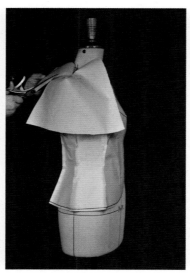

图5-34

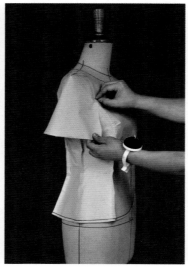

图5-35

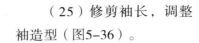

（25）修剪袖长，调整袖造型（图5-36）。

（26）用笔做对位点标记（图5-37、图5-38）。

（27）取下袖片到桌面上修顺，还原到衣身上。重新查看各部位是否合适，并做适当调整（图5-39）。

（28）修剪多余量，完成服装整体造型（图5-40、图5-41）。

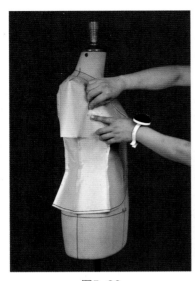

图5-36

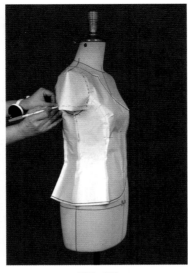

图5-37

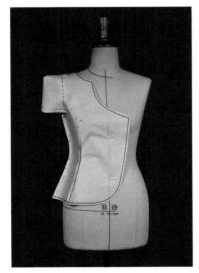

图5-38

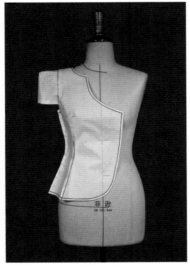

图5-39

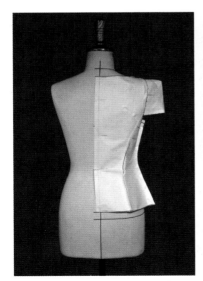

图5-40

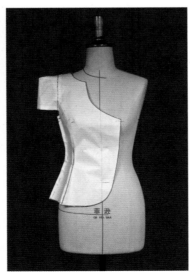

图5-41

5.2　Andrew Gn 女装

图5-42

　　此款（图5-42）为新加坡籍设计师Andrew Gn　2014年秋冬的设计作品。这是一套廓型讲究的套装，羊腿状七分袖给这套正装增添宫廷复古感，胸部装饰性袋盖，配合下面立体袋与羊腿袖的曲线感相呼应。

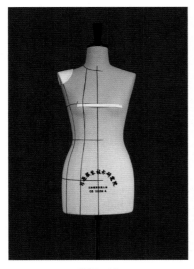

图5-43

图5-44

图5-45

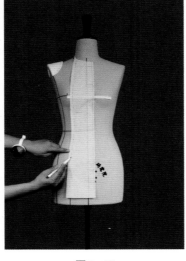

图5-46

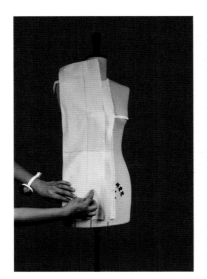

图5-47

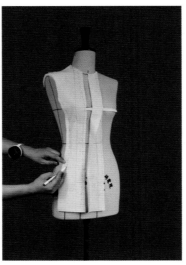

图5-48

（1）依据款式造型用标注线在人台上作出分割线位置，在人台肩部加放薄垫肩（图5-43）。

（2）取白坯布一块并找出纱向线，叠门宽2cm。固定前领窝点；对准腰节线，然后在臀围线、胸围线上、胸围线下各插一针固定（图5-44）。

（3）修剪前领圈多余量，并沿领圈缝份打剪口，注意不要超过领圈线。制作前中片，沿前衣身纵向分割线修剪多余量，用褪色笔将人台上的第一条纵向分割线复制到裁片上（图5-45、图5-46）。

（4）制作第一个前分割片。取白坯布一块并找出纱向线，对准人台腰节线，保持直纱线与地面垂直并用大头针固定。同样修剪多余量，用褪色笔沿人台分割线复制标记，用褪色笔将人台上的第二条纵向分割线复制到裁片上（图5-47、图5-48）。

（5）取白坯布一块并找出纱向，对准人台腰节线，做前侧片。保持直纱线与地面垂直并用大头针固定，修剪多余量，用褪色笔沿人台分割线复制标记。沿前分割线位置抓合前分割片，侧面上半部分用大头针盖叠固定（图5-49、图5-50）。

（6）制作后中裁片。取白坯布一块并找出纱向线，对准后领窝点，腰节线收进1cm用大头针固定，打剪口。修剪领口多余量并打剪口，沿后片分割线位置修剪多余量并用褪色笔做出标记（图5-51、图5-52）。

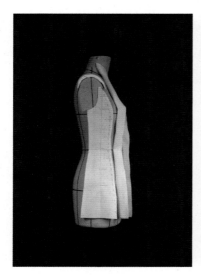
图5-49

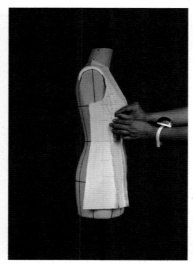
图5-50

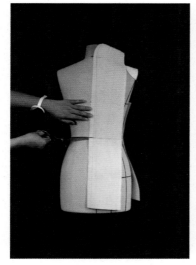
图5-51

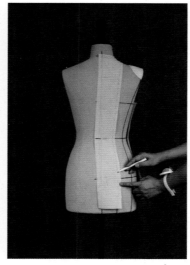
图5-52

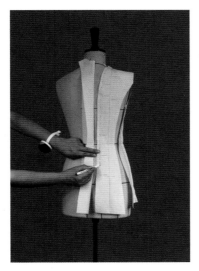

图5-53

（7）制作后分割片与后侧片。同样取白坯布并找出纱向，对准人台腰节线，做后分割片与后侧片造型。保持直纱线与地面垂直并用大头针固定，修剪多余量。用褪色笔沿人台分割线复制标记。沿后分割线位置抓合后分割片，侧面上半部分用大头针盖叠固定（图5-53～图5-56）。

（8）连接前后片。对准前后片腰线，沿人台侧缝线抓合前后侧，注意放松量。沿人台肩缝线在前片上贴肩缝标注线，后片盖叠在前肩缝线用大头针固定。拔去除前后中线以外固定在人台上的大头针，用手调整各部位放松量至均匀（图5-57、图5-58）。

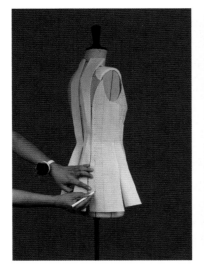

图5-54

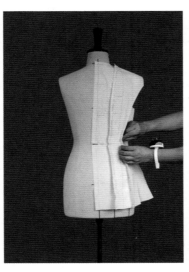

图5-55

图5-56

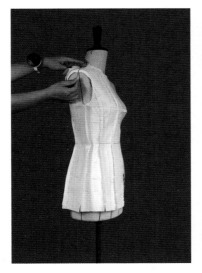

图5-57

图5-58

（9）在人台上用褪色笔画出领圈造型。取45°纱向白坯布一块，画出领宽和后领圈长度（图5-59、图5-60）。

（10）制作领子。坯布后领中心线对准后中领口点，固定底领高并沿领圈固定底领，打剪口。修剪领宽多余量，注意保留缝份，翻转缝份对内并将领子外圈缝份折叠进领子内（图5-61~图5-63）。

（11）领片自然翻转至前身，用大头针固定翻领位置（图5-64）。

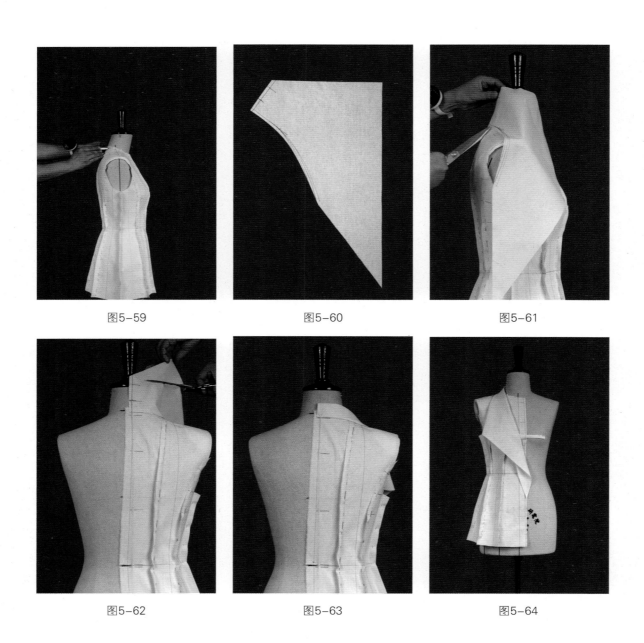

图5-59　　　　　　　　　图5-60　　　　　　　　　图5-61

图5-62　　　　　　　　　图5-63　　　　　　　　　图5-64

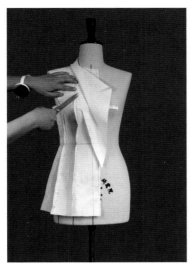

图5-65

（12）掀开驳领，修剪内侧多余量并打剪口。用标注线贴出翻驳领造型，修剪多余量。同样用标注线贴出前下角造型并修剪（图5-65～图5-67）。

（13）做前上下口袋、口袋盖造型，并用大头针固定。用褪色笔沿侧面画出袖窿造型线（图5-68～图5-70）。

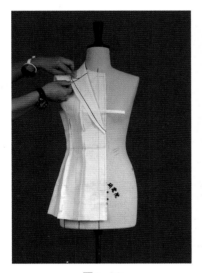

图5-66

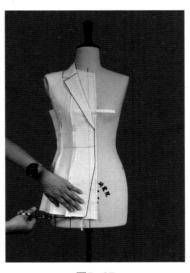

图5-67

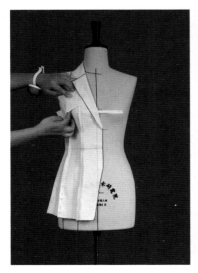

图5-68

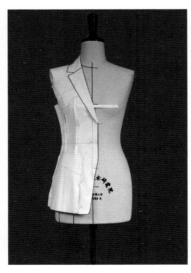

图5-69

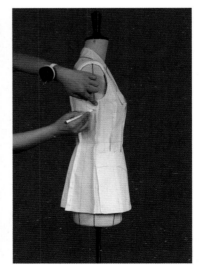

图5-70

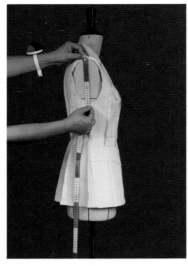
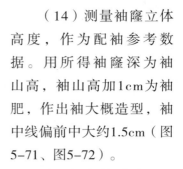

图5-71

图5-72

（14）测量袖窿立体高度，作为配袖参考数据。用所得袖窿深为袖山高，袖山高加1cm为袖肥，作出袖大概造型，袖中线偏前中大约1.5cm（图5-71、图5-72）。

（15）安装手臂至正确位置，用平面打板方法依据平面结构图复制袖片，用大头针组装到手臂上（图5-73）。

（16）袖山高中心对准肩端点，收去多余量作为袖吃势固定在前后袖窿上，调整并修剪多余量，用褪色笔沿前后袖窿在袖片上复制出袖山弧线（图5-74～图5-77）。

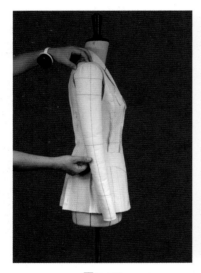
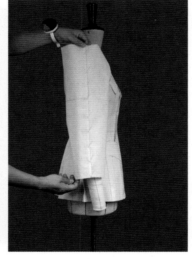

图5-73

图5-74

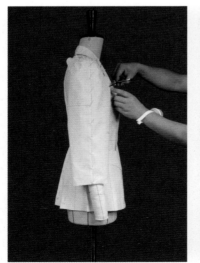
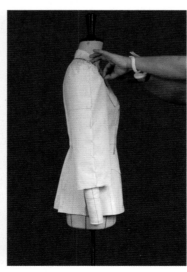
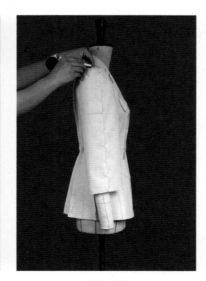

图5-75

图5-76

图5-77

图5-78

（17）从衣身上取下袖片，修顺并调整袖山弧线，组装至衣身（图5-78、图5-79）。

（18）用大头针组装袖至身位置，收去袖口量，做袖口宽造型，扣上腰带（图5-80、图5-81）。

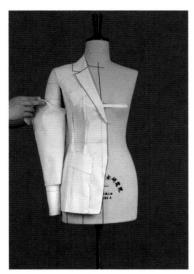

图5-79

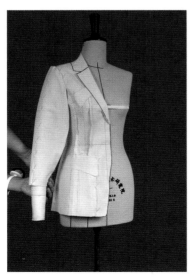

图5-80

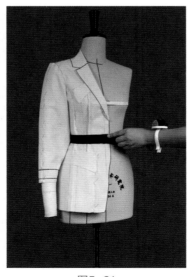

图5-81

（19）用标注线贴出前袖分割线位置，修剪袖长多余量
（图5-82~图5-84）。

（20）调整袖后片吃势位置，检查后面造型（图5-85、
图5-86）。

（21）调整整体造型，完成作品（图5-87）。

图5-82

图5-83

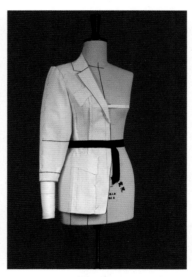

图5-84

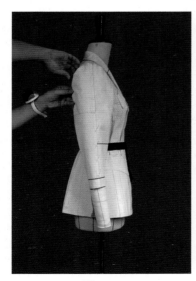

图5-85

图5-86

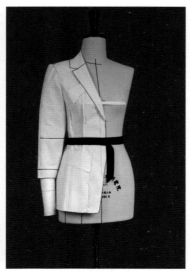

图5-87

5.3 Amanda Wakeley 女装

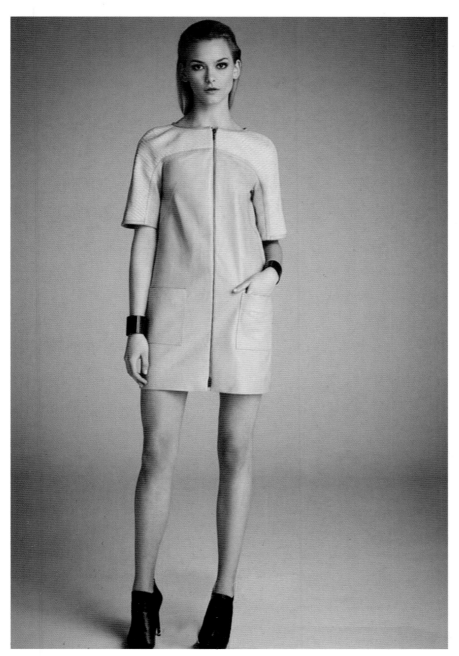

图5-88

　　此款（图5-88）来自英国品牌Amanda Wakeley　2014秋冬系列产品，喜欢表达运动元素的Amanda Wakeley给这套直身短打连衣裙设计了合体精巧的插肩袖，柔和的米色系，整件衣服简洁利落、低调时尚。

（1）取白坯布一块并找出纱向。将布料的直纱基准线对准人台前中心线，腰节线。依次固定5针：第1针对准前领窝点；第2针对准腰节线；第3针对准臀围线；第4针在胸围线上部；第5针在胸围线下部（图5-89、图5-90）。

（2）摆正纱线方向，用大头针在臀围线、胸围线上各固定一针，从胸侧收胸省，抓合多余量，修剪多余的侧缝裁片和袖窿裁片（图5-91～图5-93）。

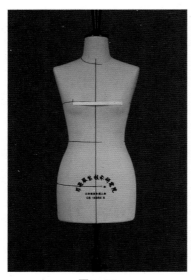

图5-89

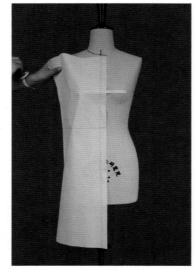

图5-90

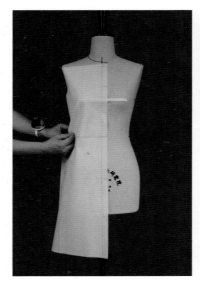

图5-91

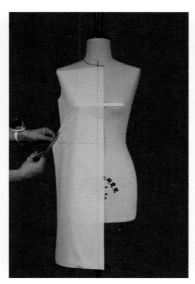

图5-92

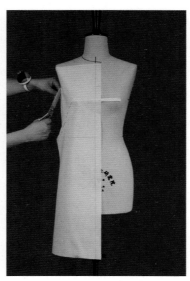

图5-93

（3）另取一块白坯布并找出纱向线，对准人台后中心线和腰围线，依次固定2针，第1针对准背宽线上点；第2针对准臀围线。摆正纱向在臀围线以上、背宽、胸围线上用大头针固定，修剪袖窿多余量（图5-94~图5-96）。

（4）修剪侧面多余量，注意一次不要修剪太多。对准前后腰节线，沿人台侧缝线抓合前后侧缝，修剪多余量（图5-97~图5-99）。

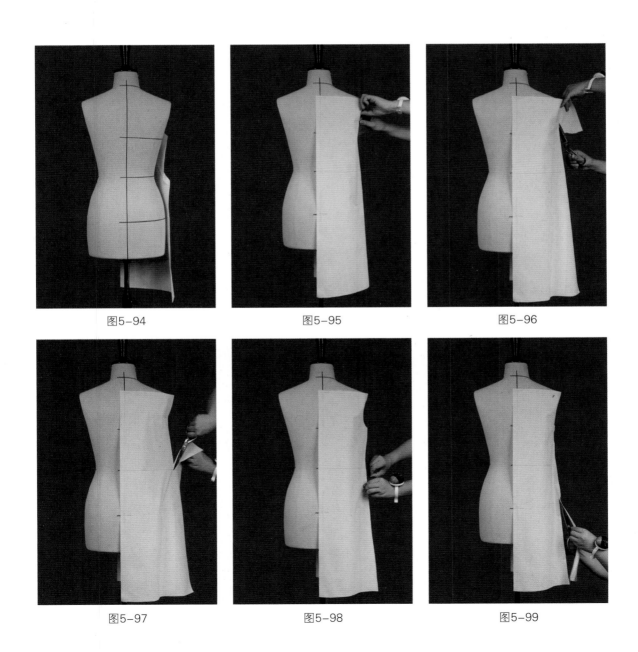

图5-94　　　　　　　　　　图5-95　　　　　　　　　　图5-96

图5-97　　　　　　　　　　图5-98　　　　　　　　　　图5-99

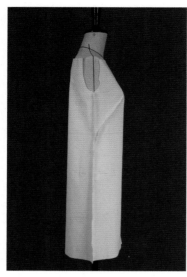

图5-100

（5）观察并调整侧面造型，修剪多余量（图5-100）。

（6）测量肩到胸围线为袖窿深。用所得袖窿深为袖山高，袖山高加1cm为袖肥，做出袖大概造型（图5-101、图5-102）。

（7）安装手臂调整至合适位置（图5-103）。

（8）对准肩与袖山中点位置，袖山高以上（袖中线延长线）用剪刀剪开，自然状态下与前后衣身摆正，检查袖窿底部位置，调整袖与衣身吻合程度。修剪前分割线以下多余量（图5-104、图5-105）。

图5-101

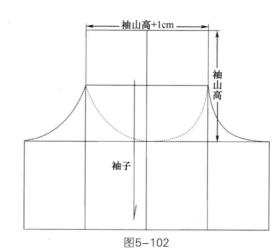

图5-102

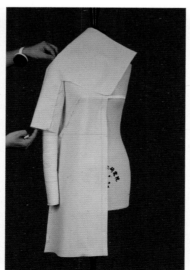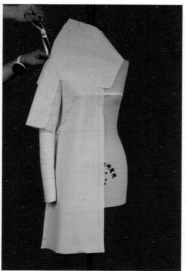

图5-103   图5-104   图5-105

（9）修剪后片上部的多余量，用大头针将后片插肩袖与肩部以下的裁片固定在一起，抓合前后肩缝（图5-106～图5-108）。

（10）用褪色笔画出领造型线，修剪领口多余量。修剪衣长多余量（图5-109、图5-110）。

（11）调整后片造型至合适（图5-111、图5-112）。

（12）做口袋位置造型，观察整体造型并做出适当调整，完成作品（图5-113）。

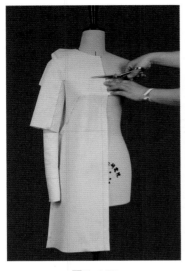

图5-106

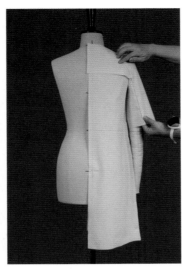

图5-107

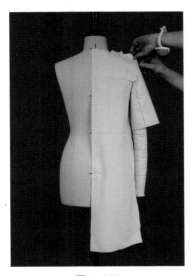

图5-108

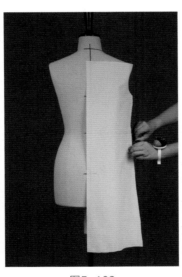

图5-109

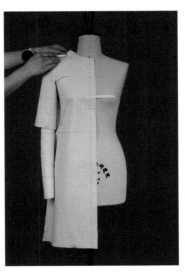

图5-110

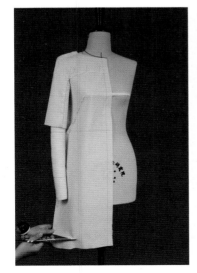

图5-111

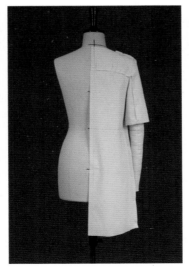

图5-112

图5-113

5.4　Christian Dior 双层式外套

图5-114

　　此款（图5-114）为Christian Dior 2010年秋冬作品。其主题为骑士系列，用立领为都市化的服装添加乡村风情，令人欢快。

（1）取一张白纸，在纸上用铅笔标出前中心线和腰围线，沿前中线平行预留纸边3cm左右。将白纸前中心线和腰围线对准人台前中心线和腰围线，依次固定5针：第1针对准前颈点，第2针对准腰围线，第3针在臀围线，第4针在胸围线上部，第5针在胸围线下部。剪去领圈多余量，打上均匀的剪口（图5-115、图5-116）。

（2）收去胸部多余量，然后用标注线贴出前片分割线，要求线条顺直流畅（图5-117）。

（3）修剪前片多余量（图5-118）。

（4）另取一张白纸，在纸上用铅笔标出后中心线和腰围线，沿后中线平行预留纸边2cm左右。将白纸后中心线和腰线对准人台后中心线和腰围线，依次固定5针：第1针对准后颈点，第2、第3针对准腰围线，第4针在臀围线，第5针在背宽线，第6针在胸围线下部（图5-119）。

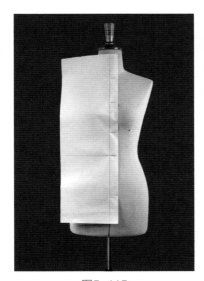
图5-115

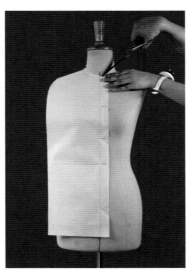
图5-116

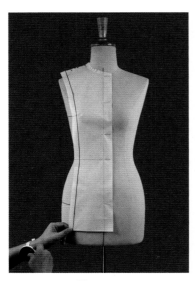
图5-117

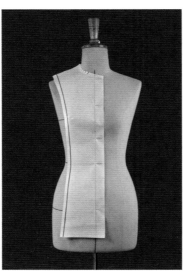
图5-118

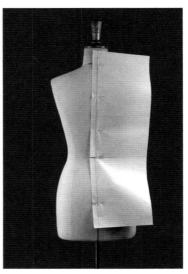
图5-119

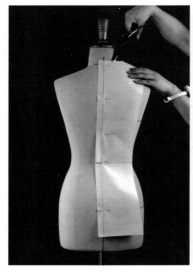

图5-120

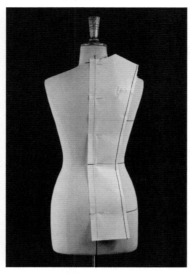

图5-121

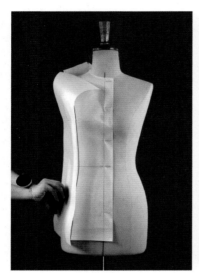

图5-122

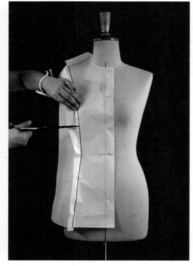

图5-123

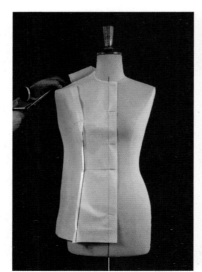

图5-124

图5-125

（5）剪去后领圈多余量，均匀打上剪口，收背省，然后用标注线贴出后片分割线，要求线条顺直流畅。修剪多余量，注意前后肩缝对准（图5-120、图5-121）。

（6）另取一张白纸，将其对准人台的胸围线和臀围线固定（图5-122）。

（7）修剪多余量，胸部以下打剪口（图5-123）。沿前片分割线位置抓合固定前中片和前侧片，胸围线以下抓合固定、胸围线以上盖叠固定，修剪肩部、袖窿、侧缝多余量（图5-124、图5-125）。

（8）另取一张白纸做后侧片，将其在人台胸围线、臀围线上各用一针固定，胸围线以下抓合固定后中片与后侧片，胸围线上盖叠固定，要求松紧适度（图5-126~图5-128）。

（9）抓合前侧片和后侧片，注意松量的把握，并修剪侧缝和袖窿多余量（图5-129）。

（10）前片盖后片固定肩缝，注意针不要插进人台。修剪领口、袖窿、腰部多余量并查看是否松紧合适（图5-130、图5-131）。

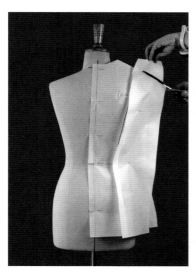

图5-126

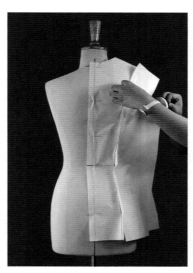

图5-127

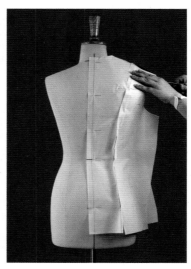

图5-128

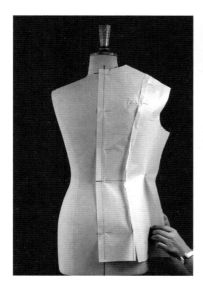

图5-129

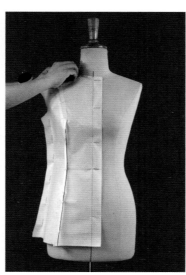

图5-130

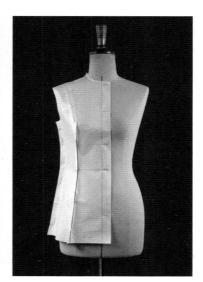

图5-131

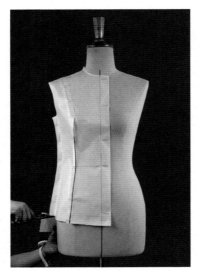

图5-132

（11）修剪衣长，用铅笔标注出领圈、搭门线、衣长线（图5-132、图5-133）。

（12）另取长方形白纸一张做领片。将画好的后领中线对准人台后领中线，沿领圈线做立领造型，并用标注线贴出领子外形，然后修剪多余量。注意使领圈线上各部位松量一致（图5-134~图5-136）。

（13）用标注线贴出袖窿造型，修剪多余量（图5-137）。

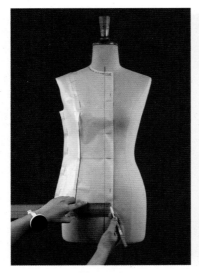

图5-133

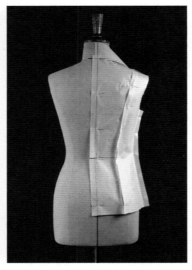

图5-134

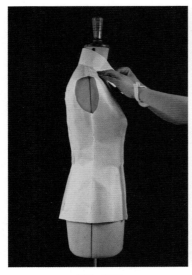

图5-135

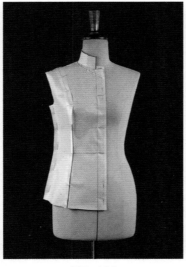

图5-136

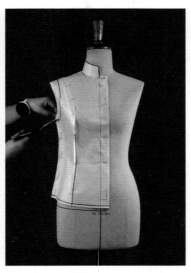

图5-137

图5-138

图5-139

（14）做出并贴上口袋、纽扣，系上腰带（图5-138、图5-139）。

（15）另取白纸一张做外层前片，分别用大头针将其固定在人台前中线的各部位上（图5-140）。

（16）修剪领口和肩部的多余量（图5-141）。

（17）在前中线的胸部以上用大头针固定一针，将纸转折到侧面并在胸围线下固定一针，剪去肩、侧缝和袖窿多余量（图5-142）。

（18）另取白纸一张做外层后片，将其由上至下固定在人台后中线上（图5-143）。

（19）修剪领圈多余部分，在纸张自然的状态下，在后背宽线中点固定一针，收肩省，将纸转折至侧面，在胸围线下用针固定，修剪多余量（图5-144）。

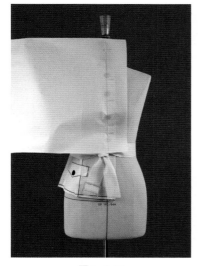

图5-140

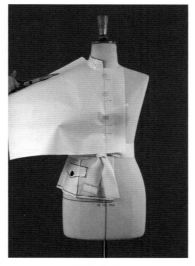

图5-141

图5-142

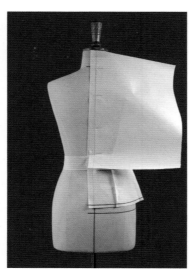

图5-143

图5-144

（20）抓合侧缝，要求松紧适度，修剪袖窿，合并肩缝（图5-145）。

（21）贴出外层衣片的领圈线、衣长、驳领造型，并用剪刀修剪多余量（图5-146）。

（22）用与内层立领一样的方法做外层立领造型（图5-147、图5-148）。

（23）用铅笔在人台上做各部位标记，如肩缝、袖窿底部、腰节等（图5-149）。

图5-145

图5-146

图5-147

图5-148

图5-149

（24）从人台上取下纸样，在下面垫上布，用描线器沿肩缝线和侧缝线复制前后片对合部位层并做对位标记，依次在侧缝、腰对位点、袖窿底部点、肩缝、前后分割线上等。用铅笔依描线器痕迹画出准确的结构线，修剪多余量并使止口均匀，注意线条流畅，对位准确无误，然后用大头针重新固定还原到人台，检查整体是否准确无误，各部位是否松紧适度，如发现问题应立即调整修改（图5-150）。

（25）用皮尺测量从肩点至袖窿底点的垂直距离，用所得数据减去0.5cm左右作为袖山高，用袖山高加1cm为袖肥。用平面裁剪方式完成袖片制图（图5-151）。

（26）用大头针将袖片固定在衣身袖窿上，对准剪口，做袖口拉环及环襻。观察整体立体造型，并做调整（图5-152）。然后取下白纸，沿正确的线条复制最终的结构线，得到标准的纸样结构图。

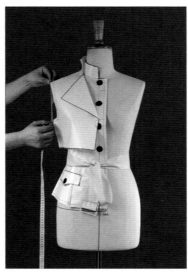

图5-150　　　　　　　　　　图5-151　　　　　　　　　　图5-152

5.5　Max Mara 女装

图5-153

　　此款（图5-153）为Max Mara 2010年秋冬作品。实用休闲的装扮，采用20世纪80年代的军装廓型和舒适的插角袖设计，体现出"适宜女性外出的着装"的品牌形象。

　　Max Mara的外套大衣一直是该品牌的标志性产品，只有亲身穿着才能真正感受到其板型和工艺的精湛。

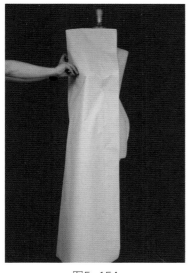

图5-154

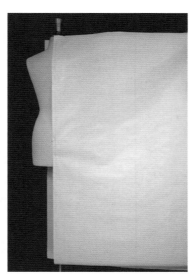

图5-155

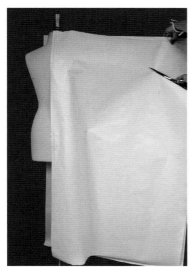

图4-156

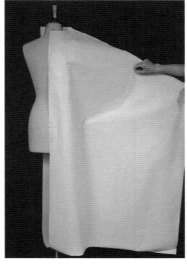

图5-157

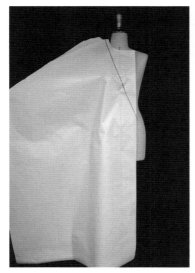

图5-158

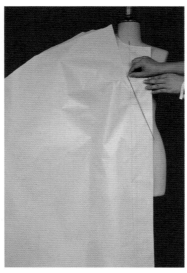

图5-159

（1）取一张白纸，在纸上用铅笔标出前中心线，与前中心线平行预留纸边9cm左右。将白纸前中心线和腰围线对准人台的前中心线和腰围线，依次固定前颈点、腰围线、臀围线、胸围线上部、胸围线下部，并用针固定在侧面胸围线上（图5-154）。

（2）另取一张白纸，在纸上用铅笔标出后中心线，与后中心线平行预留纸边2cm左右。将白纸后中心线和腰围线对准人台的后中心线和腰围线，依次固定后颈点、胸围线上部、臀围线上部、臀围线下部。合并肩袖缝，将袖部修剪至合适的角度（图5-155、图5-156）。

（3）修剪后领圈的多余量，打上剪口。收后肩的多余量，大约2.5cm~3cm。固定肩袖缝的上半部分，并做适当的修剪（图5-157）。

（4）用标注线贴领翻驳线的位置（图5-158）。

（5）从肩部向红色标注线方向往下剪开至胸围线左右，收胸部省量，并用大头针固定（图5-159）。

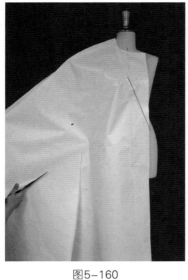
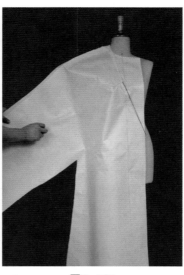

（6）修剪袖下多余的量，切记不要修剪太多，并沿人台侧缝标注线抓合固定衣身的侧缝（图5-160）。

（7）用大头针固定在前后袖片的中间部位，修剪多余的量。注意一次不要修剪过多，以方便调整（图5-161、图5-162）。

图5-160　　　　图5-161

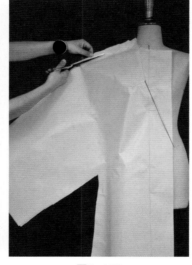

（8）修剪肩部多余的量，由前向后叠合固定袖缝线，检查造型（图5-163、图5-164）。

（9）测量袖长，重新画袖子造型并修剪（图5-165）。

（10）调整袖侧面造型，注意保证袖缝线向前偏（图5-166）。

图5-162　　　　图5-163

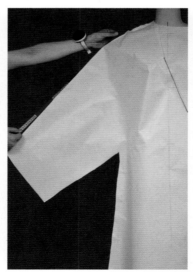
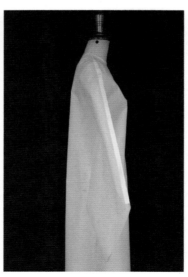

图5-164　　　　图5-165　　　　图5-166

（11）修剪袖下多余的量，根据袖口大小画出大概的袖下缝线（图5-167、图5-168）。

（12）用褪色笔画出领圈线。取一块45°斜纱白坯布做领片，使画好的后领中心线对准人台的后领中心线（图5-169、图5-170）。

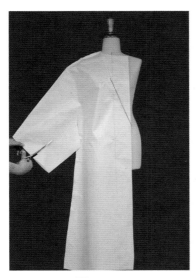

图5-167

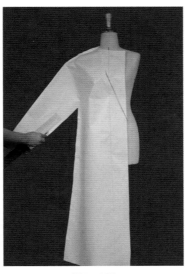

图5-168

（13）将领片沿领圈线固定，在肩缝位置向外自然翻转（图5-171、图5-172）。

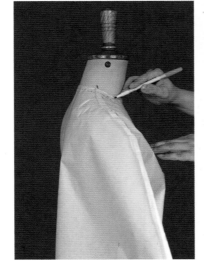

图5-169

图5-170

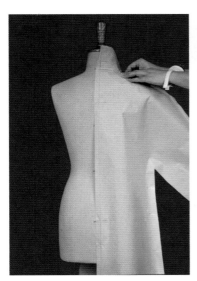

图5-171

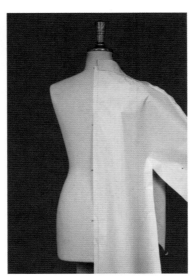

图5-172

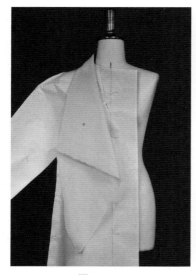

图5-173

图5-174

（14）翻转至前衣片的搭门线，固定最下面的一针（图5-173、图5-174）。

（15）翻开领外层，用大头针将领内层与前片固定（图5-175、图5-176）。

（16）修剪领内层多余的量，注意针和衣身的固定，防止针脱落（图5-177）。

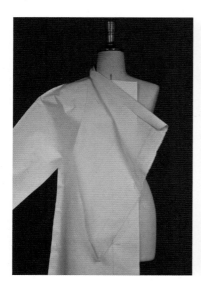

图5-175

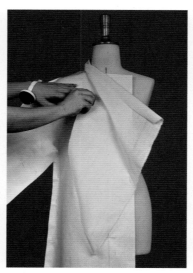

图5-176

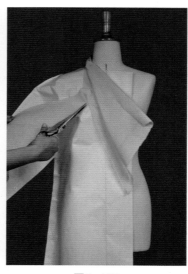

图5-177

（17）用标注线贴出驳领造型，并进行适当调整（图5-178、图5-179）。

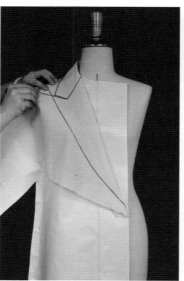

图5-178

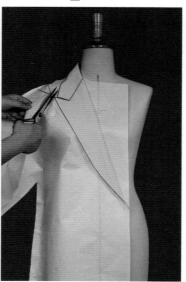

图5-179

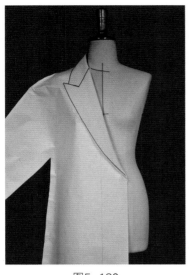

图5-180

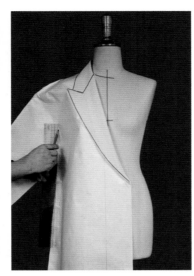

图5-181

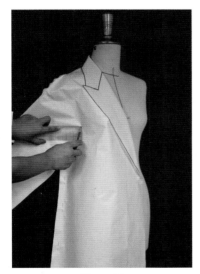

图5-182

图5-183

（18）修剪完成领子造型（图5-180）。

（19）将侧缝延长至胸围线上，用尺测出前插角宽度5.5cm（一般全插角宽度为8~12cm），斜长为12cm，以此做插角（图5-181~图5-183）。

（20）做各部位标记（图5-184）。

（21）取下纸样并按人台标注线在桌面整理，装上插角，完成整件服装的造型（图5-185、图5-186）。

图5-184

图5-185

图5-186

进阶应用部分

第六章　晚装、礼服的立体裁剪

6.1 Elie Saab V 领式晚装

6.2 Christian Dior 晚装

6.3 Elie Saab 单肩式晚装

6.4 Alexander McQueen 礼服

6.5 Vera Wang 婚纱

第六章　晚装、礼服的立体裁剪

　　本章主要讲解高级晚装、礼服的立裁操作过程。这些作品是大师对时尚潮流的诠释，作品设计堪称完美。在欣赏作品的同时，应注意不同布料在晚装与礼服上的实际运用。

6.1 Elie Saab V 领式晚装

图6-1

　　此款（图6-1）为 Elie Saab 2010年春夏作品。修身的剪裁加上领部的褶皱，使得此款晚装显得高贵迷人。

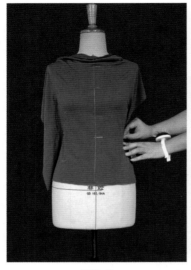
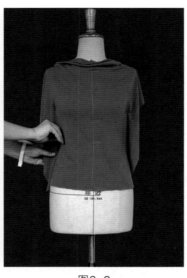

图6-2　　　　　　　　　　　图6-3

（1）取大小适当的针织布料一块，整理其纱向。将布料中部的直纱对准人台的前中心线，将其由上至下固定在人台上，再分别在人台两侧固定（图6-2、图6-3）。

（2）修剪两侧和袖窿多余的量（图6-4）。

（3）做肩部的自然褶皱，修剪前片多余的量，整理前片造型，注意一次不能修剪太多（图6-5）。

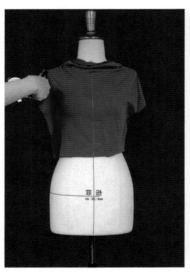
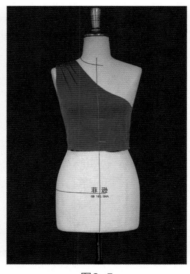
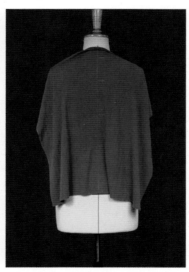

图6-4　　　　　　　　　　　图6-5　　　　　　　　　　　图6-6

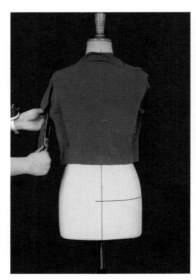

（4）另取针织布料一块，整理其纱向。将布料中部的直纱对准人台后中心线，将其由上而下固定在人台上，再分别在人台两侧固定（图6-6）。

（5）修剪两侧和袖窿多余的量。做肩部的自然褶皱，修剪后片多余的量，整理后片造型（图6-7、图6-8）。

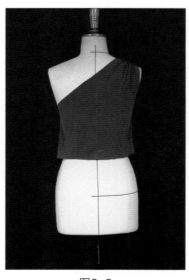

图6-7　　　　　　　　　　　　　　　　　　图6-8

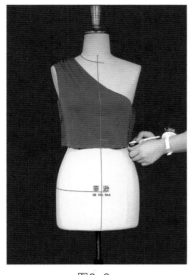

图6-9

图6-10

（6）沿人台侧缝线抓合前后片，并画出实样线（图6-9）。

（7）另取针织布料一块做前下片，整理纱向，将布料中部的直纱对准人台的前中心线，在腰节分割线上与两侧用大头针固定（图6-10）。

（8）在下片前中的部位做褶，注意层次感与量的大小（图6-11~图6-14）。

（9）修剪腰节分割线上多余的量，注意一次不要修剪得太多（图6-15）。

图6-11

图6-12

图6-13

图6-14

图6-15

图6-16

图6-17

（10）修剪前腰节分割线结束（图6-16）。

（11）修剪前下片两侧多余的量，注意一次不能修剪太多，以方便调整（图6-17）。

（12）前下片完成造型（图6-18）。

（13）另取针织布料一块做后下片，整理纱向，将布料中部的直纱对准人台后中心线以及两侧，收紧腰部，用大头针固定，修剪多余的量（图6-19、图6-20）。

（14）沿人台的侧缝标注线抓合前后片（图6-21）。

（15）修剪多余的侧缝量（图6-22）。

图6-18

图6-19

图6-20

图6-21

图6-22

图6-23

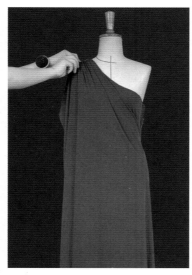

图6-24

图6-25

图6-26

图6-27

图6-28

（16）取45°的斜纱针织布一块做前装饰带，从右肩部位开始至左腰下的位置用大头针固定，在右肩的位置做自然褶（图6-23、图6-24）。

（17）将装饰带自然翻折，连接至左肩部位，用大头针固定（图6-25）。

（18）修剪装饰带多余的量（图6-26）。

（19）在左肩部位做装饰带的自然褶裥并连接至后片肩缝固定，保持悬垂的效果（图6-27、图6-28）。

（20）修剪多余的量。在人台上用大头针直插小肩宽的位置（图6-29、图6-30）。

（21）用皮尺测量左、右小肩宽，要求左右宽窄一致（图6-31、图6-32）。

（22）做出部分调整，完成整件作品造型（图6-33）。

图6-29　　　　　　　　　　　图6-30

图6-31　　　　　　　　图6-32　　　　　　　　图6-33

6.2 Christian Dior 晚装

图6-34

　　此款（图6-34）为Christian Dior 2010年春夏作品。丝缎礼服与法式蕾丝边的短衬裙制造出层叠效果，流露出浪漫风格。其背后，突破常规的创意能否实现则有赖于工艺和面料本身特性的支持，当然，如果用平面裁剪是难以达到设计目标的，必须依靠立体裁剪才能实现。

（1）取胸垫一副，在人台上用手针固定（图6-35）。

（2）取针织布料一块，整理纱向,取直纱做斜向的领布并延伸至后片，在人台上固定（图6-36）。

（3）用褪色笔画出左肩与左胸处的造型（图6-37）。

（4）修剪多余的量，并在内折边用大头针固定，注意领布延长至后片（图6-38、图6-39）。

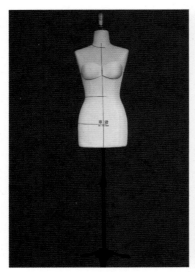

图6-35

图6-36

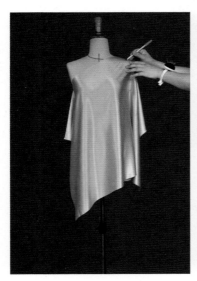

图6-37

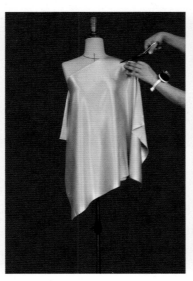

图6-38

图6-39

（5）修剪侧面多余量和长度多余量。用剪刀剪开右胸下的多余量，收省后用针固定，再收去左胸侧面的多余量（图6-40~图6-42）。

（6）完成前片上部（图6-43）。

（7）另取布料一块做后片，整理纱向。将其一直延伸包裹至前片，注意布料要足够大，能够包裹整个前胸（图6-44）。

（8）将后片中部的直纱对准人台的后中线，在胸围线两侧与臀围线两侧分别用大头针固定（图6-45）。

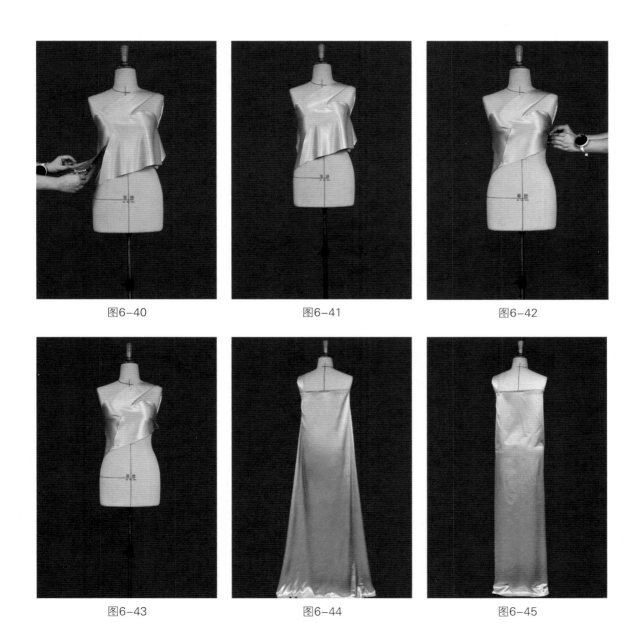

图6-40   图6-41   图6-42

图6-43   图6-44   图6-45

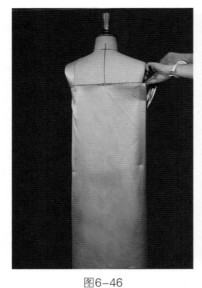

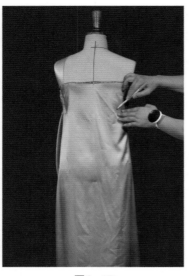

图6-46 　　　　　　　　　　图6-47

（9）用剪刀剪开侧面至胸围线上，用大头针将后片与前片上部抓合，再画出后上部位的造型（图6-46、图6-47）。

（10）用剪刀修剪后片上部造型，在人台上用针固定内折边，重新调整，用大头针抓合侧缝，修剪侧缝多余的量（图6-48~图6-50）。

（11）后片面料延伸至右前片。沿人台的侧缝标注线合并侧缝，在前上半身将后片与延伸的前片和内片共三层面料同时抓合（图6-51）。

图6-48 　　　　　　　　　　图6-49

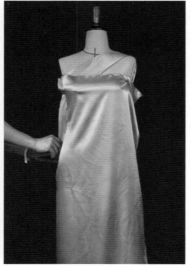

图6-50 　　　　　　　　　　图6-51

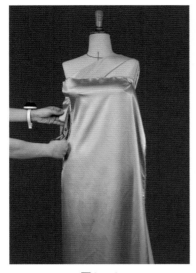

图6-52

图6-53

图6-54

图6-55

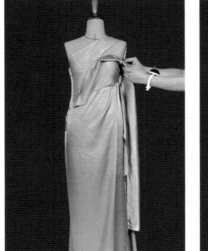

图6-56

图6-57

图6-58

（12）修剪侧缝多余的量（图6-52）。做前片内层的自然褶皱并修剪（图6-53、图6-54）。

（13）后片延伸的左前片先不考虑修剪，使其暂时垂于侧面（图6-55）。

（14）另取45°斜纱针织布料一块，做胸部立体造型条（图6-56）。

（15）从右胸下开始，至左胸上然后至腋下，再向右腰下环绕结束（图6-57、图6-58）。

图6-59

（16）做后片延伸过来的左前下片造型。向右边立体条的方向盖叠，做自然褶皱，修剪多余的量（图6-59、图6-60）。

（17）自然褶皱延伸至立体条端头（图6-61）。检查整体造型，完成作品（图6-62、图6-63）。

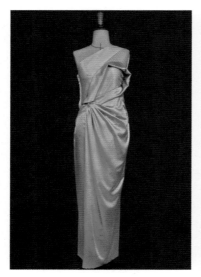

图6-60

图6-61

图6-62

图6-63

6.3　Elie Saab 单肩式晚装

图6-64

　　此款（图6-64）为Elie Saab 2009年秋冬作品。希腊女神式的长裙与肩部造型处理，雕琢出女性高雅的曲线。Elie Saab 是当时最炙手可热的高级女装设计师之一，其最有代表性的作品莫过于浪漫主义风格的高级礼服定制系列。对面料垂性的掌握、精湛的工艺、精准的剪裁是决定板型及整体风格的关键，当然，这些都离不开立体裁剪。

图6-65

图6-66

（1）取胸垫一副，在人台上用手针固定。取适当大小的针织布料一块，整理纱向，分别将其在人台的前中心线、胸上部与两侧固定（图6-65）。

（2）做右胸部位的褶皱，将其从胸围线上至腰围线上用大头针固定，注意褶皱自然，褶量适度（图6-66）。

（3）修剪侧面的多余量（图6-67）。

图6-67

图6-68

（4）画出胸前分割线的位置，检查褶皱量在分割线的位置上是否需要调整（图6-68、图6-69）。

（5）按款式分割线的位置将胸部的多余量剪掉，注意保留缝份（图6-70）。

（6）重新抓右胸下的褶皱量，完成前下片（图6-71）。

图6-69

图6-70

图6-71

图6-72

图6-73

（7）另取针织布料一块做前左上片。整理纱向，将布料中部的直纱对准人台前中心线固定后，画出胸上的造型线（图6-72）。

（8）修剪多余的量，一些量可以放置于胸下（图6-73、图6-74）。

（9）做胸上部位的自然环型褶皱（图6-75）。

（10）多余的量收在胸侧面，做自然褶皱，修剪多余的量（图6-76、图6-77）。

（11）完成前左上片（图6-78）。

图6-74

图6-75

图6-76

图6-77

图6-78

图6-79

（12）另取针织布料一块做前右上片，整理纱向，在左腰做自然褶皱并覆盖在前左上片上（图6-79）。

（13）顺肩向左腰的方向自然做褶皱至后肩，余量暂时置于人台颈部（图6-80）。

（14）另取针织布料一块做后片，整理纱向，将其固定在人台的后中心线、后胸围线与两侧位置上。修剪两侧多余的量，沿人台的标注线抓合侧缝并收紧腰部（图6-81~图6-83）。

图6-80

图6-81

图6-82

图6-83

（15）以前右肩为起点，沿左腰下，从后背环绕至右肩部位（图6-84）。

（16）再顺势在右袖窿沿顺时针的方向环绕至右肩起点固定住（图6-85）。

（17）修剪多余的量，完成整件服装的造型（图6-86、图6-87）。

图6-84

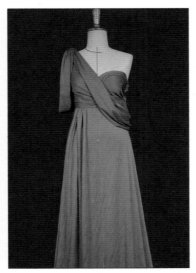

图6-85

图6-86

图6-87

6.4　Alexander McQueen 礼服

图6-88

　　此款（图6-88）为Alexander McQueen 2008年秋冬作品。充满戏剧性的秀场造型，将不同时期的造型元素糅合在一起、通过独特的面料创造出来的作品，其撑裙和束腰的配合呈现出芭蕾舞裙造型。让我们一起尝试如何通过立体裁剪将大师的作品重新呈现。

图6-89

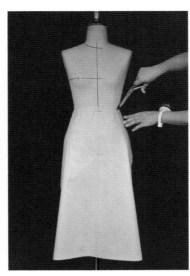

图6-90

（1）取大小适当的布料一块，找出直纱与横纱。将布料中部的直纱对准人台的前中线，将其固定在人台的腰围线、臀围线上与腰臀两侧。修剪多余的量，在腰部打剪口（图6-89、图6-90）。

图6-91

图6-92

（2）另取布料一块，找出直纱与横纱。将布料中部的直纱对准人台后中线，将其固定在人台腰围线、臀围线上与腰臀两侧。修剪多余的量，在腰部打剪口，抓合侧缝，修剪多余的量，完成裙里。裙里长度最后可以根据情况再进行修剪，切记先不要修剪得太短（图6-91、图6-92）。

（3）取硬网布一块，宽度大约是腰围的8~10倍，用平缝缉出自然褶皱并装在裙里布上，画出网布裙的造型并进行修剪（图6-93~图6-95）。

图6-93

图6-94

图6-95

图6-96

图6-97

（4）用与上一步同样的方法，取宽度大约是腰的8~10倍的软网布再加一层（图6-96、图6-97）。

（5）用褪色笔画出外层网裙长度的位置（图6-98）。

（6）修剪多余的量至合适的长度，注意不要一次修剪过多（图6-99）。

（7）按同样的方法和规格逐层安装网裙，共5层，一层压一层（图6-100~图6-103）。

图6-98

图6-99

图6-100

图6-101

图6-102

图6-103

（8）修剪多余的量，注意使层次分明（图6-104）。

（9）修剪完成网裙造型（图6-105）。

（10）取适当大小的布料一块，找出直纱与横纱，做前上片，修剪领部多余的量（图6-106、图6-107）。

（11）收腰省，修剪袖窿、两侧多余的量（图6-108、图6-109）。

（12）另取布料一块，找出直纱与横纱，做后上片。将布料中部的直纱对准人台的后中心线，从上往下固定（图6-110）。

图6-104

图6-105

图6-106

图6-107

图6-108

图6-109

图6-110

（13）固定后侧，收去多余的腰省（图6-111）。

（14）修剪肩背部以及袖窿造型（图6-112、图6-113）。

（15）固定后片侧缝，用褪色笔画出前片上的侧缝线（图6-114、图6-115）。

（16）沿侧缝，用后片盖叠固定前片（图6-116）。

图6-111

图6-112

图6-113

图6-114

图6-115

图6-116

图6-117

（17）用大头针沿肩缝标注线抓合固定肩缝（图6-117）。

（18）用褪色笔画出袖窿的造型、领部和后背造型线（图6-118、`图6-119）

（19）修剪完成前领造型（图6-120）。

（20）修剪完成后背造型（图6-121）。

（21）另取一大块面料，整理其纱向做前片。布料中部的直纱对准人台的前中线，从上往下固定，修剪前胸上的多余量（图6-122）。

图6-118

图6-119

图6-120

图6-121

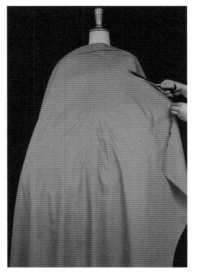

图6-122

（22）做腰部的褶皱造型，使下半身保持自然状态并将其固定在网裙上（图6-123）。

（23）修剪右侧袖窿的多余量，注意不要一次修剪过多（图6-124）。

（24）固定右侧腰部的位置（图6-125）。

（25）做腰部的褶皱造型，修整前领口与肩部的造型，剪掉多余的量（图6-126、图6-127）。

（26）完成前片初步造型（图6-128）。

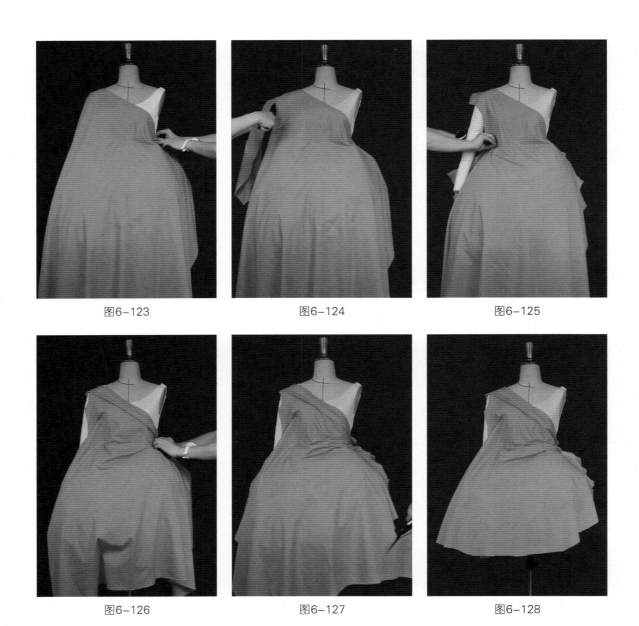

图6-123　　　　　　　　图6-124　　　　　　　　图6-125

图6-126　　　　　　　　图6-127　　　　　　　　图6-128

（27）另取一大块面料做后片，整理其纱向，将布料中部的直纱对准人台的后中心线，从上往下固定，修剪多余的量（图6-129）。

（28）做肩部造型。在内折边沿肩部至胸围线上用大头针固定（图6-130）。

（29）做后腰部的褶皱造型（图6-131）。

（30）修剪后袖窿多余的量（图6-132）。

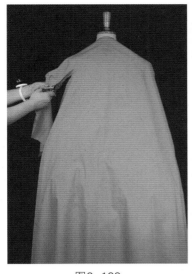

图6-129

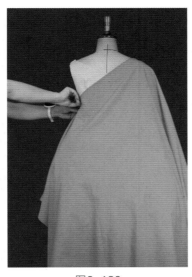

图6-130

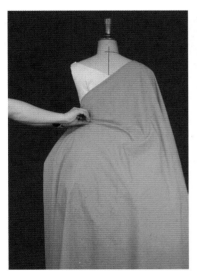

图6-131

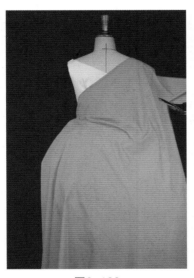

图6-132

图6-133

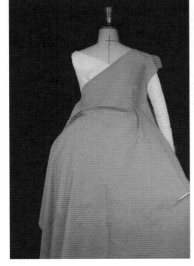

图6-134

图6-135

（31）沿人台的侧缝线抓合两侧缝，修剪多余的量（图6-133、图6-134）。

（32）后片初步完成（图6-135）。

（33）重新整理侧缝褶皱，抓合前身右肩部的褶皱，再沿人台标注线抓合侧缝（图6-136）。

（34）修剪侧缝多余的量（图6-137）。

（35）重新调整后腰位置的褶皱，合并肩缝（图6-138、图6-139）。

（36）画出右侧袖窿的造型并进行修剪（图6-140）。

图6-136

图6-137

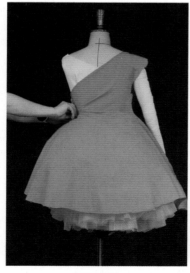

图6-138

图6-139

图6-140

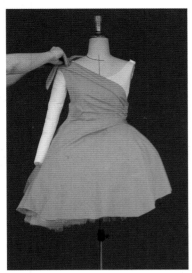

图6-141

（37）做肩部饰带并将其固定（图6-141）。

（38）用褪色笔画出外层衣裙的长度，并进行修剪（图6-142、图6-143）。

（39）完成整件服装的造型（图6-144、图6-145）。

图6-142

图6-143

图6-144

图6-145

6.5　Vera Wang 婚纱

图6-146

　　此款（图6-146）为著名华裔服装设计师Vera Wang 2014年的婚纱作品。Vera Wang的婚纱设计以优雅精致、简洁高贵著称，这款婚纱在传统式样里加入了一点儿不规则的造型元素，腰部设计从前至后的延伸使服装动感活泼。

（1）取针织面料一块并找出纱向线，对准人台前中心线，依次从上至下用大头针将面料固定在人台上。从腰部中心线位置向两侧推移面料，用力均匀，不起褶皱，然后依次用大头针将面料固定在人台上，注意各部位松紧要适度均匀，不起皱褶（图6-147~图6-149）。

（2）用剪刀修剪多余部分，注意不要一次性修剪太多，方便后面调整（图6-150）。

（3）用针固定胸杯在里布上，注意胸杯稍偏侧一点点固定在人台上，将胸部量向前中靠拢，塑造胸部造型，保持左右一致（图6-151）。

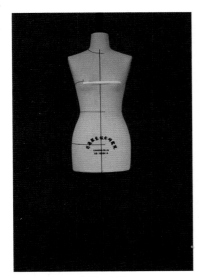

图6-147

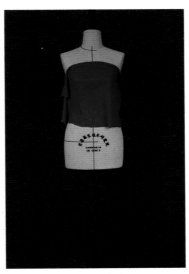

图6-148

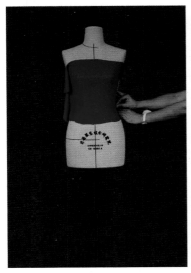

图6-149

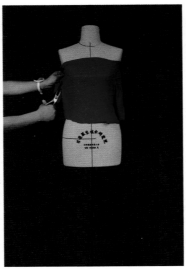

图6-150

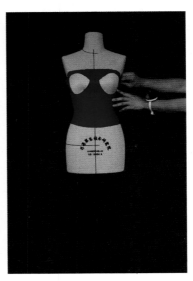

图6-151

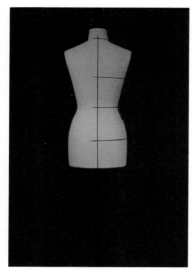

图6-152

（4）取针织面料一块并找出纱向线，对准人台后中心线，依次从上至下用大头针固定在人台上。从腰部中心线位置向两侧推移面料，用力均匀，依次用大头针固定在人台上，注意各部位松紧要适度均匀，不起皱褶（图6-152～图6-154）。

（5）用标注线贴出后里布分割线位置，前分割线与钢圈位置（只针对梭织面料内里，内插鱼骨塑造腰至胸部造型），修剪并整理至合适（图6-155～图6-157）。

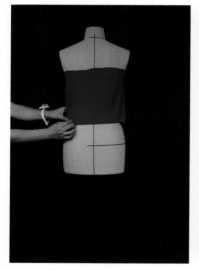

图6-153

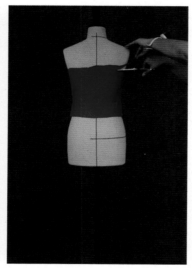

图6-154

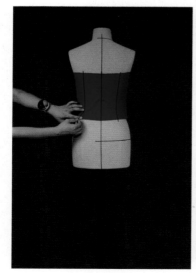

图6-155

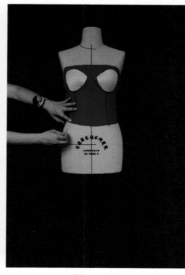

图6-156

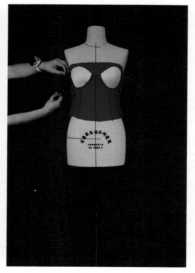

图6-157

（6）取针织面料一块并找出纱向线，对准里布前中心线，依次从上至下用大头针固定在人台上。从腰部中心线位置向两侧推移面料，用力均匀，依次用大头针固定在人台上，注意保持同里布一致，松紧要适度均匀，不起皱褶，修剪并调整多余量（图6-158～图6-160）。

（7）取针织面料一块并找出直纱基准线，对准里布后中心线，依次从上至下用大头针固定在人台上。从腰部中心线位置向两侧推移面料，用力均匀，依次用大头针固定在人台上，注意保持同里布一致，松紧要适度均匀，不起皱褶，修剪并调整多余量（图6-161～图6-163）。

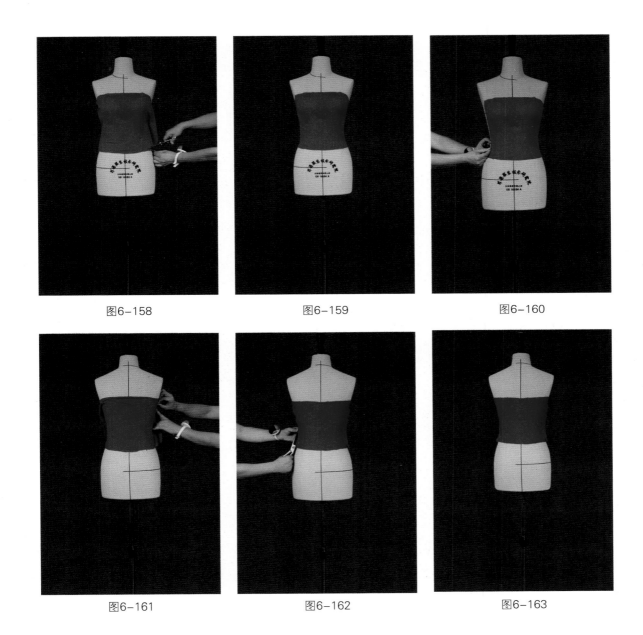

图6-158　　　　　　　　　　图6-159　　　　　　　　　　图6-160

图6-161　　　　　　　　　　图6-162　　　　　　　　　　图6-163

图6-164

（8）测量前后下脚尺寸，用平面方法做下裙里并用大头针固定前后上身位（图6-164）。

（9）取蕾丝一块并找出直纱基准线，做前、后上身外层。分别对准前、后中心线，依次从上至下用大头针固定在人台上。从腰部中心线位置向两侧推移面料，用力均匀，依次用大头针固定在人台上，注意保持同里布一致，松紧要适度均匀，不起皱褶，抓合前后片侧缝，修剪并调整（图6-165~图6-169）。

（10）用网纱做出衬裙接在上半身位置。分别在网纱上覆盖两层网纱，根据款式造型决定外层量的多少（图6-170）。

图6-165

图6-166

图6-167

图6-168

图6-169

图6-170

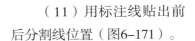

（11）用标注线贴出前后分割线位置（图6-171）。

（12）取大块面料两块做90°裙，双层覆盖在前片网纱上，注意内层无皱褶，外层右边做活工字褶一个（图6-172～图6-174）。

（13）用剪刀修剪腰部多余量，两侧多余量（图6-175）。

（14）同样取大块面料两块做90°裙，双层覆盖在后片网纱上，修剪腰部多余量。抓合前后侧缝，调整修剪（图6-176、图6-177）。

图6-171

图6-172

图6-173

图6-174

图6-175

图6-176

图6-177

图6-178　　　　　　　　　　图6-179

（15）取45°斜纱面料一块，沿前左腰分割线固定，顺势延伸至前右腰分割线位置并用大头针固定（图6-178、图6-179）。

（16）完成整体大致造型，退后两米左右观察效果，修剪多余量，再一次调整整体成品造型，完成作品（图6-180～图6-183）。

图6-180

图6-181　　　　　　　　图6-182　　　　　　　　图6-183

后记　对立体裁剪造型及判断能力的培养至关重要

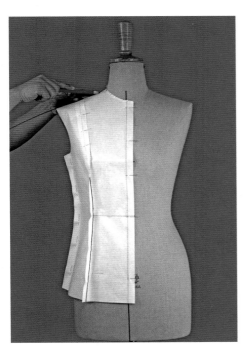

对于有兴趣学习立体裁剪和提升其操作能力的初学者和专业的板型设计师而言，要具备开阔的视野和丰富的知识面，多去了解和熟悉国外各类知名品牌服装的造型、板型处理以及工艺的特点，多去百货商场进行调研，看看不同定位、不同档次的品牌服装之间的剪裁造型特点，思考它们是如何利用面料和工艺而创造出各种精湛独特的板型，这样日积月累，才能培养出一定的眼光和审美鉴赏能力。

一直以来，国内服装行业中从事板型设计工作的板型师大多不具备高等教育的背景，他们中的大多数人当初是因为家庭条件的限制而很早离开了学校，因服装行业文化门槛相对较低而选择进入了服装行业。大多数板型师的成长经历都是类似的，他们认真、勤劳，凭着自身的努力在基层中学习和提升自己，通过自我摸索和跟随板型师傅学习了剪裁打板，但还没有真正意识到创造力和市场意识对服装板型的决定性作用。具体地说，不少服装企业中的板型师只接受过中等教育，是从工厂流水线的技术工人或样板房的样衣工转型而来，经过服装样板短期培训班的简单培训便开始了样板制作的工作，这样就容易导致板型师在样板制作中对服装款式的理解能力不足、过于保守，对板型技术缺乏思考和创新。从笔者长期的学习和研修看来，仅仅有平面制板的技术是不够的，平面与立体是相辅相成的，平面制板是从平面到立体的过程，是从二维到三维的转换，立体裁剪则是从立体到平面的过程，二者需要相互结合，融会贯通地去理解，才能在裁剪造型方面达到更高的水平。再者，服装是立体的，好的服装板型是将人"装"在服装里面，相当于构筑人与服装之间的空间关系，就好比建筑，因此国外许多服装设计大师都是很喜欢研究建筑空间的。板型设计师应该通过立体裁剪的实践操作提升自己的立体造型能力，还要多看一些周边的设计作品，多看一些国内外的艺术作品。

以前，板型设计师可能还属于纯技术性的职位，但是随着国内服装行业的不断发展，已经涌现了越来越多的高薪板型设计师，身价百万的屡见不鲜。目前，优质板型师的身价更是水涨船高。他们比起一般的板型设计师，具有更高的创造力、卓越的眼光和判断力，这对于中国服装品牌在品质和设计水准方面的提升是至关重要的。国内服装的制作工艺已经逐渐接近世界一流水平，但是要在不久的将来与越来越多涌进国内市场分一杯羹的国际品牌竞争，品牌服装企业必将需要越来越多高素质的板型设计师。综观国外，优秀的设计大师本身都具备过人的立体裁剪造型能力。国内的板型设计师、服装设计师、对服装设计感兴趣的相关从业人员也能够通过对立体裁剪的不断练习，轻松脱离繁琐的平面二维制板公式，实现千变万化的服装造型。熟练掌握了立体造型的人，即使再回到平面制板，也可以轻而易举地在平面裁剪工作的环节上应用立体裁剪积累的空间思维能力和造型审美能力，创造出能够媲美国外服装产品的优质板型。

我们相信，通过努力，我们将共同创造属于中国的服装时代。

作者
2014年5月